ro
ro
ro

Besiedeln wir demnächst den Mars? Wird Künstliche Intelligenz uns versklaven? Gibt es bald keine Landwirtschaft mehr? Fliegen wir mit dem Warpantrieb durch Raum und Zeit? Wann gibt es das erste Steak aus dem Bioprinter zu kaufen? Die Zukunft ist schon Realität, im positiven wie im negativen Sinne. YouTube-Star und Wissenschaftsjournalist Christoph Krachten berichtet darüber auf seinem YouTube-Kanal *clixoom Science & Future* dreimal die Woche – und jetzt in diesem Buch. Verblüffende Fakten und spannende Zukunftsperspektiven aus dem Reich der Naturwissenschaft.

Christoph Krachten ist einer der Pioniere der deutschen Online-Video-Szene. Nachdem er viele Jahre als TV-Journalist und Produzent gearbeitet hatte (u. a. für ARD, RTL, ZDF), erkannte er früh das Potenzial von Online-Video. Seine Show *clixoom* gibt es seit 2008. Auch darüber hinaus ist Krachten ein präsenter Netzwerker: u. a. als Verlagsgründer, Veranstalter der VideoDays oder beratendes Mitglied der Publizistischen Kommission der Deutschen Bischofskonferenz. Heute veranstaltet er sehr erfolgreich außergewöhnliche Onlinekurse für Social Media oder entwickelt innovative Softwarekonzepte für Social Media.

Christine Kirchhoff hat Wissenschaftsjournalismus studiert und lebt mit ihrer Familie in Köln. Seit 2017 ist sie Teil der Redaktion von *clixoom* und schreibt Skripte zu den Themen Astronomie, Medizin, Biologie und Physik.

Christoph Krachten

PER

AUFZUG

IN DEN

WELTRAUM

Expeditionen in die nahe Zukunft

Rowohlt Taschenbuch Verlag

Originalausgabe
Veröffentlicht im Rowohlt Taschenbuch Verlag, Hamburg, November 2020
Copyright © 2020 by Rowohlt Verlag GmbH, Hamburg
Mitarbeit an den Texten: Christine Kirchhoff, clixoom Science & Future
Lektorat Frank Strickstrock
Covergestaltung ZERO Media GmbH, München
Coverabbildung FinePic®, München; Kike Photography
Innengestaltung Daniel Sauthoff
Satz National bei Dörlemann Satz, Lemförde
Druck und Bindung GGP Media GmbH, Pößneck, Germany
ISBN 978-3-499-60671-7

Inhalt

Einleitung: Die Zukunft hat schon begonnen   7

Der Mars in Reichweite: Aufbruch ins Weltall   13

Der Aufzug in den Weltraum – funktioniert!   25

An die Grenze gehen – Visionäre   35

Wissenschaft: China überholt den Rest der Welt!   43

Relativitätstheorie: Die Krümmung der Raumzeit   57

Gibt es Aliens?   65

«Wir sind nicht allein im Universum»   73

Supervirus   85

Der gedruckte Mensch   99

Krönung der Schöpfung: ~~Der Mensch~~ Die Künstliche
     Intelligenz   107

Quantencomputer – Rechnen in der Superposition   115

Glücklich durch Drogen!   125

Für immer jung?   137

Kernfusion – stoppt sie die Klimakatastrophe?   147

Das Insektensterben: Wir zerstören unsere
     Lebensgrundlagen   153

Klimawandel: Ist die Erde noch zu retten?   159

Wir brauchen keine Landwirtschaft!   165

Das «saubere» Steak aus dem Labor   173

Ist die ganze Welt fraktal?   183

Dunkle Materie – überall und nicht zu finden!   195

Schwarze Löcher – unvorstellbare Realität   209

Bleibt es bei Warp null?   217

Das holografische Universum – sind wir alle nur

   Projektionen?   225

Bildnachweise   233

Quellen   235

Einleitung: Die Zukunft hat schon begonnen

Die Welt ist anders, als wir denken. Vieles, was wir für unumstößlich halten, ist schon jetzt in einem Prozess der umfassenden Veränderung begriffen, im Positiven wie auch im Negativen. Und anderes ist längst geschehen. Als ich damit begann, dieses Buch zu schreiben, handelte ein Kapitel von der Unvermeidlichkeit einer Pandemie in der Zukunft. Inzwischen hat sie uns mit voller Wucht getroffen. Die Menschheit befindet sich mitten in einem umfassenden Umbruch. Und mitten in einer technologischen Revolution, die die Industrialisierung wahrscheinlich sogar in den Schatten stellen wird. Überall werden bahnbrechende Erkenntnisse gewonnen und oft in Technologien umgesetzt, die die Welt verändern. Immer öfter werden technologische Lösungen möglich, die vorher undenkbar waren. Um einen berühmten Satz zu zitieren: Was heute noch wie ein Märchen klingt, kann morgen Wirklichkeit sein.

Genau das sind die Themen, die ich in meinem YouTube-Kanal *Clixoom Science* & *Future* behandle. Ich möchte die Augen dafür öffnen, in was für einer unglaublichen Welt wir leben. Wie sich der technologische Wandel und der wissenschaftliche Fortschritt beschleunigen, wie aber auch die Gefahren mehr werden. Die Welt ist eben anders, als wir denken. Und ich freue mich, mit diesem Buch diese Perspektive jetzt auch einem erweiterten Publikum eröffnen zu können, denn ich finde sie unfasslich und staune jeden Tag aufs Neue. Dieses Staunen möchte ich in diesem Buch vermitteln. Unsere Spezies steht an einem Scheideweg. Es drohen dramatische Gefahren, aber auch unglaubliche Chancen. Meistern wir die Gefahren und nutzen wir die Chancen, dann könnte eine phantastische Zukunft vor uns liegen. Schaffen wir beides nicht, werden wir womöglich aussterben und unsere Erde in einem traurigen Zustand zurücklassen.

Doch es gibt Hoffnung, und die gibt uns die Wissenschaft: In immer mehr Bereichen kommt es zu wahren Quantensprüngen. Es klingt ein wenig paradox, denn dieses Wort steht ja eigentlich für sehr kleine Schritte. Trotzdem wird es für extrem große Fortschritte benutzt, und das ist gar kein so schiefes Bild. Immer mehr Entdeckungen werden auch am CERN in seinen riesigen Teilchenbeschleunigern gemacht, wie zum Beispiel 2012 der Beleg für die Existenz des Higgs-Bosons, eines Elementarteilchens, ohne das das sogenannte Higgs-Feld der Materie seine Masse nicht verleihen könnte. Sprich: Sehr kleine Entdeckungen können heute sehr Großes bedeuten und zu riesigen Fortschritten führen.

Wissenschaft vs. Populismus

Die Konsequenzen mancher dieser Entdeckungen sind absolut bahnbrechend. Supraleitung, Quantenkryptografie, Teilchenverschränkungen und vieles mehr machen heute Entwicklungen möglich, die früher in die Welt der Phantastereien gehörten. Genau das scheint zu einem immer größeren Problem für die Wissenschaft zu werden. Denn immer mehr Menschen wollen diesen Fortschritt auch nicht glauben. Populismus bricht sich Bahn, und schon an ganz einfachen Herausforderungen, zum Beispiel durch Impfverweigerer, drohen die Früchte des Fortschritts zu scheitern. Die Wissenschaft muss um ihre Glaubwürdigkeit kämpfen. Selbst Führer großer Staaten stellen sie in Frage. Verschwörungstheorien und Populismus verbreiten sich.

Und das ist verhängnisvoll. Auf den ersten Blick ist es vielleicht lustig, wenn die Mondlandung in Zweifel gezogen wird oder Menschen tatsächlich noch glauben, dass die Erde eine Scheibe ist. Doch auch das trägt zu einem geistigen Klima bei, in dem dann Kinder nicht geimpft werden und Epidemien ausbrechen. Oder dass Erderwärmung und Klimawandel in Frage gestellt werden. Oder dass man sich viel zu lange Zeit lässt und selbst von Regierungen wie der deutschen, die keinen Zweifel daran hegen, dass der Klimawandel eine ernsthafte Bedrohung ist, die Ergebnisse und Forderungen der seriösen Forscher nicht oder nur zögerlich umgesetzt werden.

Wir leben in einer Zeit der Zerreißprobe: Wissenschaft und Forschung eröffnen uns ungeahnte Möglichkeiten. Die Menschheit kann eine neue Stufe der Entwicklung erreichen. Andererseits hat Ignoranz bereits zum ersten Massenaussterben geführt, das von einer Spezies durch ihr bewusstes Handeln auf der Erde in Gang gesetzt wurde. Wir sind durchaus in der Lage, schuldig an unserem eigenen Aussterben zu werden.

Zurück zum Positiven: Ein Beispiel für einen wirklich rasanten Fortschritt ist die Batterieentwicklung. Immer neue Materialien und Technologien werden eingeführt, und die Leistungsdichte steigt und steigt. Mit Graphen, einem Material, bei dem aus Kohlenstoff sehr kleine Strukturen gebaut werden, ist die Forschung in der Lage, neue bahnbrechende Technologien mit neuen verblüffenden, extrem leistungsfähigen Eigenschaften zu entwickeln, womit wir bei einem meiner Lieblingsthemen wären: dem Aufzug ins Weltall, der diesem Buch den Namen gegeben hat. Er ist ein Beispiel dafür, was in Zukunft alles möglich wird, aber und eben auch, was jetzt schon möglich und Realität geworden ist.

Eine Realität, die viele Menschen nicht begreifen, im Negativen wie im Positiven. Die Corona-Krise ist ein gutes Beispiel dafür, woran das liegt: an unserer grundsätzlichen Schwierigkeit, exponentielle Entwicklungen zu verstehen. Kaum jemand kann die Rasanz nachvollziehen, mit der aus 2000 Neuinfizierten in ein paar Tagen 4000, dann 8000, 16000, 32000, 64000, 128000, 256000, eine halbe Million, eine Million, zwei Millionen, vier, acht, 16, 32, 64 Millionen und so weiter und so fort werden. Nur wenige Schritte, um von ein paar tausend zu Millionen Fällen zu kommen. In diesem Fall waren es neun. Es gleicht dem berühmten Beispiel mit den 64 Schachfeldern: Auf das erste Feld kommt ein Reiskorn, auf das zweite kommen zwei, dann vier, und am Ende sind es mehr Reiskörner, als auf der Erde existieren. Eine ähnliche Beschleunigung steht uns wahrscheinlich bei der technologischen Entwicklung von Quantencomputern und Künstlicher Intelligenz bevor.

Und noch ein Beispiel für das Tempo des Fortschritts aus den letzten zwanzig Jahren: der Flachbildschirm in Verbindung mit immer schnelleren Datenverbindungen und immer schnelleren Prozessoren. Ich habe es selbst erlebt: Als ich mit den Planungen zu Online-Video begann, wurde ich für verrückt gehalten. Ohne Ausnahme wurde von meinen Kolleginnen und Kollegen bezweifelt, Datenübertragung und Prozessoren könnten so schnell werden, dass wir Videos im Netz sehen werden.

Auf dem Weg in atemberaubende Zeiten

Doch im Grunde war es absehbar, denn das Moore'sche Gesetz der exponentiellen Entwicklung der Zahl integrierter Schaltkreise auf Prozessoren war ja bekannt, aber nur wenige begriffen es wirklich. Und der Flachbildschirm hat dann auch noch ermöglicht, dass wir heute tragbare Computer, Tablets und Smartphones haben, auf denen wir längst Online-Videos in einer atemberaubenden Qualität sehen können, wo wir gehen und stehen. Das Internet hat mit diesen Möglichkeiten unseren Alltag komplett umgekrempelt. Corona hat dies übrigens durch vermehrte Videokonferenzen, Homeoffice und Telearbeit noch einmal deutlich beschleunigt.

Elektromobilität, Autonomes Fahren, Drohnen, Internet der Dinge, Überwachung, Forschungsmacht China, Wasserknappheit, steigender Meeresspiegel, regenerative Energie, Kernfusion und, und, und. In diesem Buch geht es um all diese und weitere Entwicklungen, auf die wir uns einstellen müssen – manche davon sind phantastisch und manche auch beängstigend.

Der Mars in Reichweite:

Aufbruch ins Weltall

Lange sah es so aus, als würde die Raumfahrt auf der Stelle treten. Die USA hatten noch nicht mal mehr ein Transportmittel, um Astronauten ins Weltall zu bringen. Nach dem letzten Flug eines Space Shuttle im Juli 2011 stand die NASA mit leeren Händen da. Es schien so, als sei die bemannte Raumfahrt für die westliche Welt einfach zu teuer. Lediglich das Sojus-Programm konnte weiter genutzt werden, und nur China schickte noch Taikonauten ins All, wie Astronauten und Kosmonauten dort genannt werden. Auch für die Internationale Raumstation ISS ist keine Nachfolge in Sicht, Flüge zum Mond finden seit mehr als 40 Jahren nicht mehr statt, und bei der NASA gibt es immer wieder Budget-Diskussionen. Steht die Raumfahrt also am Scheideweg? Werden wir es vielleicht nie schaffen, die Erde in nennenswerter Zahl zu verlassen? Ist die Wirtschaftsleistung unserer Zivilisation einfach zu klein, um Raumfahrt im großen Stil zu ermöglichen?

Die neuen Weltraum-Pioniere

Als 1969 die ersten Menschen auf dem Mond landeten, sahen die Perspektiven noch ganz anders aus. Nichts schien unmoglich, und als dann die Space Shuttles an den Start gingen, erlagen alle der Illusion, dass Raumfahrt jetzt alltäglich werde. Damit war 2011 Schluss. Das Space-Shuttle-Programm war entgegen den ersten Kalkulationen viel zu teuer und mit zwei Abstürzen auch viel zu unsicher. Zwei Katastrophen, die sich in das Gedächtnis der gesamten Menschheit eingebrannt haben. Sind wir zu weit gegangen? Ist die Menschheit an ihre Grenzen gestoßen? Lange schien es so.

Doch dann tauchten ein paar Pioniere am Horizont auf, die in den letzten Jahren teils Unglaubliches geschafft haben. Ebenso ikonisch wie die Bilder der Space-Shuttle-Abstürze wurde im positiven Sinn die parallele Landung zweier Booster der Falcon Heavy 2018, nachdem sie von ihrer Rakete abgesprengt worden waren. Die Trägerrakete des privaten Unternehmens SpaceX von Elon Musk erbrachte den Beweis, dass die Zukunft der Raumfahrt nicht vorbei ist. Es war das letzte Zeichen dafür, dass wirklich ein neues Zeitalter angebrochen ist. Und 2020, neun Jahre nach dem Ende des Space-Shuttle-Programms, sind zum ersten Mal wieder amerikanische Astronauten mit einer Raumkapsel zur Internationalen Raumstation geflogen. Und auch hier war der Hersteller SpaceX.

Und das ist kein nationales Ereignis. Diese Kapsel, die Crew Dragon, ist ein Meilenstein der Raumfahrt. Keine Hunderte Knöpfe und Anzeigeinstrumente, ein smartes Raumschiff mit Flachbildschirmen und wenigen Bedienelementen – und es bietet Platz für sieben Passagiere.

Wir brechen in den Weltraum auf! Was vor wenigen Jahren noch als utopisch galt, ist urplötzlich denkbar und könnte morgen schon Wirklichkeit sein. Stephen Hawking lag wahrscheinlich gar nicht so falsch mit seiner vor seinem Tod noch einmal bekräftigten Forderung, dass wir zu neuen Welten aufbrechen müssen. Wenn wir es nicht wagen, werden wir früher oder später hier auf der Erde durch den Klimawandel, einen Supervulkan, einen Asteroiden oder eine Pandemie vernichtet. Eine ganze Reihe von Zukunftsforschern rechnet damit in den nächsten Jahrhunderten oder Jahrtausenden, zum Beispiel Carl Sagan oder Michio Kaku. Eine Spezies, die dauerhaft überleben will, muss in die Weiten des

Ein historisches Bild. Zwei Seitenbooster von Falcon-Heavy-Schwer-lastraketen von SpaceX landen im Juni 2019 nach erfolgreicher Mission parallel auf dem Kennedy Space Center.

Weltraums aufbrechen. Hawking gibt uns sogar nur noch hundert Jahre.

Die Chancen, dass das machbar ist, werden tatsächlich immer größer. Zum einen wird auf immer mehr Planeten und Monden wie dem Mars oder dem Mond Wasser entdeckt, das wir auf Missionen nutzen könnten. Zum anderen wird Raumfahrt durch Pioniere wie Elon Musk und Jeff Bezos mit ihren Unternehmen SpaceX und Blue Origin immer preiswerter. Und das ist entscheidend für die Eroberung des Weltraums. Durch die riesigen Schritte, die dort in den letzten Jahren technisch und auch finanziell gemacht wurden, haben sich die Möglichkeiten gründlich geändert. Was vor einigen Jahren noch eine unmögliche Kraftanstrengung gewesen wäre, wirkt jetzt fast schon wie eine Spazierfahrt. Rohstoffabbau auf dem Mond? Warum nicht? Eine Marskolonie? Da schicken wir direkt mal 1000 Raketen hin. Und auch die sicher noch utopische Perspektive eines Aufzuges in den Weltraum scheint realistischer zu werden.

Während der Start einer Saturn V noch rund eine Milliarde Dollar gekostet hat, sind die Kosten bei den Falcon-Raketen von SpaceX inzwischen auf unter 100 Millionen Euro gefallen. Neil Armstrong hatte Elon Musk noch mit auf den Weg gegeben, dass er seine ehrgeizigen Ziele nie erreichen würde. Aber das scheint Musk nur noch mehr motiviert zu haben. Schon jetzt hat er Fortschritte erzielt, die nicht nur Neil Armstrong für unmöglich gehalten hat.

Raumstation im Mondorbit

Und er ist nicht der Einzige in Aufbruchstimmung. Ganz konkret wird gerade an einer Raumstation für den Mondorbit gearbeitet, dem Deep Space Gateway (DSG), inzwischen in Lunar Orbital Platform-Gateway (LOP-G) umgetauft. Es ist ein Projekt, an dem NASA, ESA, die russische Roskosmos, die japanische JAXA und die kanadische CSA arbeiten. Die Raumstation im Orbit soll den Mond erforschen, später eine Mondstation versorgen und als Basis auch Flüge zu weiter entfernten Zielen in unserem Sonnensystem ermöglichen. Missionen, die von dort starten, benötigen viel weniger Treibstoff, da sie nicht von der Gravitation der Erde gehemmt werden. Die NASA plant die Station im Halo-Orbit des Mondes. Hier heben sich die Anziehungskräfte von Erde und Mond für einen dritten Körper, der mit ihnen die Sonne umkreist, auf. Schon ab 2022 soll mit dem Bau der Station begonnen werden. Ende des Jahrzehnts soll sie bereits einsatzbereit sein.

Und damit wäre der Betrieb einer Mondstation möglich. Vom Deep Space Gateway könnten kleinere Landeeinheiten mit relativ geringem Aufwand Nachschub und Besatzungen zum Mond und auch wieder zurück bringen. Alternativ oder zusätzlich böte sich hier auch schon der Bau eines Weltraumaufzuges an, da der Aufwand dafür ungleich geringer ist als auf der Erde. Die ersten beiden Module der Raumstation, eines zur Energieversorgung und ein kleiner Wohnbereich, sollen nach derzeitiger Planung übrigens mit der Falcon-Heavy-Rakete in den Mondorbit befördert werden.

Der Lunar Orbital Platform-Gateway und eine Mondstation könnten wiederum das Sprungbrett für eine Marsmission sein. Elon Musk ist sogar noch ungeduldiger, wobei seine Zeitfenster-Angaben immer etwas kritisch gesehen werden müssen. Er will schon 2022 zum Mars. Sein Starship, eine Neuentwicklung, soll einen baldigen Flug zum Mars möglich machen. Wobei das Datum inzwischen von der Webseite entfernt wurde. Eins muss man ihm aber lassen: Der Bau in Serie hat schon begonnen. Allerdings explodieren die Prototypen ebenso in Serie. Es ist Musk, der mit den erwähnten 1000 Raketen den Mars besiedeln will. Das Volumen seines Starship ist mit 825 Kubikmetern größer als das eines Airbus A380. Die Starships sind damit größer als alles, was Menschen bisher ins All geschossen haben. 118 Meter ist ihre Gesamthöhe einschließlich der Antriebsstufen.

Um überhaupt zum Mars zu gelangen, fliegt das Starship erst mal in eine Erdumlaufbahn und trifft dort auf Treibstofftanks, die vorher in den Erdorbit geschossen worden sind. Sie sind gefüllt mit Methan und Sauerstoff und treiben die Rakete auf dem Flug zum Mars an. Die ersten Missionen sollen nach Wasser und Rohstoffen und Gefahren für Menschen suchen. Die ersten Menschen, die dann zum Mars fliegen sollen, produzieren dort den Treibstoff

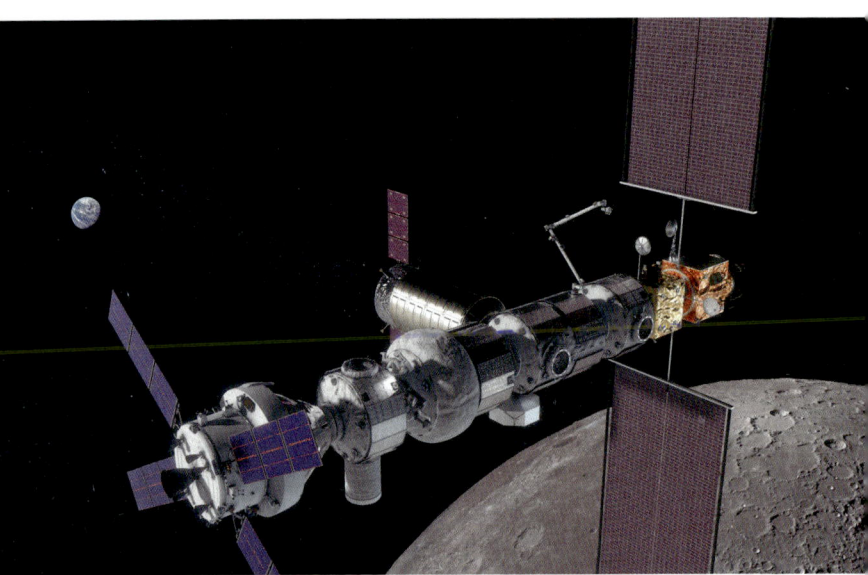

Lunar Orbital Platform-Gateway: Die Raumstation von NASA, ESA und weiteren Betreibern soll bis Ende der 2020er Jahre den Mond umkreisen.

für den Rückflug zur Erde. Vier Starships sollen zunächst zum Mars fliegen, zwei bemannt und zwei unbemannt. Mit diesen Flügen soll dann die erste Kolonie aufgebaut werden. Die Starships sollen wiederverwendbar sein, um die Kosten niedrig zu halten. Danach plant Musk, mit jedem Flug 100 Menschen plus Fracht in 40 Kabinen zum Mars zu fliegen. Die Starships sind zusätzlich mit großen Gemeinschaftsbereichen und Frachträumen ausgestattet.

Doch es gibt auch ungeahnte Hürden auf dem Weg ins All. Sie haben sich erst in den letzten Jahren durch den Betrieb der Internationalen Raumstation gezeigt. Unser Organismus reagiert viel heftiger auf den längeren Aufenthalt in der Schwerelosigkeit als bisher angenommen. Es fängt an mit den Augen. Zwei Drittel aller Astronauten und Astronautinnen berichten von stark nachlassender Sehkraft. Die Augäpfel werden auf der Rückseite flacher und verschieben dadurch die Retina mit den lichtempfindlichen Zellen.

Ursache sind wahrscheinlich Veränderungen des Drucks in der Hirn- und Rückenmarksflüssigkeit. Auf der Erde, wenn Gravitation und stärkere Bewegungen auf das Gehirn einwirken, soll die Hirnflüssigkeit diese dämpfen. In der Schwerelosigkeit verliert sie letztlich ihre Funktion. Besatzungsmitglieder, die länger auf der Internationalen Raumstation waren, hatten danach deutlich mehr Hirnflüssigkeit. Und die Verformungen der Augäpfel gehen nach der Rückkehr zur Erde nicht bei allen zurück. Dazu kommen Muskel- und Knochenschwund, die Schwächung des Immunsystems, die kosmische Strahlung könnte unfruchtbar machen. Und jüngst wurde noch das Weltraumfieber entdeckt. Im Weltraum nimmt die Körpertemperatur über zweieinhalb Monate um ein Grad zu und pendelt sich dann ein. Bei körperlicher Beanspruchung steigt sie auf über 40 Grad, und das ist gefährlich. Wir wissen, dass ab 41 Grad Celsius Körpertemperatur Lebensgefahr besteht. Körpereigene Eiweiße verfestigen sich dann und verstopfen Gefäße. Und körperliche Anstrengung ist wiederum wichtig, um den Knochen- und Muskelabbau aufzuhalten. Er kann damit sogar komplett gestoppt werden. Doch der Preis könnte tödliches Fieber sein.

Gleichwohl wird es immer normaler, im Weltraum zu leben, mit Begleiterscheinungen, wie es sie auch auf der Erde gibt. Alexander Gerst ist der erste deutsche Kommandant der Internationalen Raumstation (ISS) gewesen. Mehr als 200 Tage hat er am Ende insgesamt im Rahmen von vier Missionen auf der ISS verbracht. Zum Vergleich: Konventionelle Schätzungen setzen für eine Reise

Big Falcon Rocket, das jüngste und größte SpaceX-Projekt, als Kunst-zeichnung. Die obere Raketenstufe (vorne) heißt *Starship*, die untere (hinten) *Super Heavy*. Ziel ist die Entwicklung einer vollständig wieder-verwendbaren Universal-Rakete mit über 100 Tonnen Nutzlast.

zum Mars 200 bis 240 Tage an, Elon Musk will es mit seiner Groß-raum-Rakete in 80 bis 120 Tagen schaffen.

Alexander Gerst ermittelt

Alexander Gerst war übrigens der erste Astronaut, der im Weltraum ermitteln musste. Was geschah in der Sojus-Kapsel, die ihn zur ISS gebracht hatte? Plötzlich entwich aus der ISS nämlich die Atemluft. Das Team musste das Leck finden und spürte es in der Sojus-Kapsel MS-09 auf. Das Erschreckende: Es war ein Loch, und dieses Loch war von Menschenhand gebohrt worden. Was ist dort also passiert? War es eine Schlampigkeit auf der Erde bei der Fertigung der Kapsel? Oder war es sogar Sabotage? Die russische Weltraumagentur Roskosmos hat von Gerst und seinen Kollegen Proben der Außenhaut rund um das Loch zur Untersuchung bekommen. Und Dmitri Rogosin, Chef von Roskosmos, meint, dass die Ursache für das Loch klar sei. Er würde sie jedoch nicht veröffentlichen.

Es gibt also noch viele Risiken bei längeren Raumfahrtmissionen. Einige können wir vielleicht minimieren, mit anderen müssen wir im Weltall wahrscheinlich leben.

Der Aufzug in den Weltraum – funktioniert!

In den Weltraum zu gelangen, war schon immer ein Menschheitstraum, und der Visionär Jules Verne beschrieb bereits 1865 in seinem Roman «Von der Erde zum Mond» einen Raumflug zu unserem Trabanten. Fast exakt hundert Jahre später hat die Menschheit dieses lange für utopisch gehaltene Ziel erreicht. Dass unsere Zivilisation diesen Traum in die Realität umgesetzt hat, führt uns vor Augen: Es ist möglich, vermeintlich unerreichbare Ziele zu erreichen.

Vor allem schien es lange unmöglich, der Erdgravitation zu entkommen. Woher die Energie dazu nehmen? Es war wie ein fliehendes Ziel: Je weiter die Entfernung von der Erde sein sollte, desto mehr Treibstoff wurde benötigt. Und je mehr Treibstoff benötigt wurde, desto schwerer wurde die Rakete. Bis die Technik im 20. Jahrhundert so weit entwickelt war, dass das Mehr an Treibstoff dennoch mehr als nur sein Eigengewicht aus dem Erdorbit befördern konnte. Mit der bis heute immer noch größten gebauten Rakete, der Saturn V, gelang das für unmöglich Gehaltene. 1969 landeten mit Neil Armstrong und Buzz Aldrin zwei amerikanische Astronauten auf dem Mond.

Weltraumfahrt zum Spartarif

Doch für das gesamte Apollo-Programm, das dahinterstand, wurde ein gigantischer Aufwand getrieben. Insgesamt bis zu 400 000 Menschen arbeiteten daran. Es kostete nach heutigem Wert des Dollar 120 Milliarden und wurde deshalb schließlich eingestellt. Und auch das Nachfolgeprogramm, der Bau und Einsatz der Space Shuttles, wurde am Ende wegen des hohen Aufwandes aufgegeben.

Seitdem wird fieberhaft nach einem Weg gesucht, die Raumfahrt wieder realisierbar zu machen. Wir schießen zwar laufend Satelliten in den Orbit und senden Sonden in die Weiten des Alls, doch Astronauten noch einmal zum Mond zu schicken – oder sogar zum Mars –, das haben wir bisher nicht geschafft. Es ist immer noch zu teuer und zu aufwendig. Elon Musk ist jedoch mit seinem privaten Projekt SpaceX auf einem guten Weg. Oder auch Jeff Bezos, der Amazon-Chef; er möchte mit seinem Unternehmen Blue Origin auch schon bald wieder Menschen auf den Mond schicken. Und bei dieser Mission soll dann, laut NASA, auch zum ersten Mal eine Astronautin den Mond betreten. Richard Bransons Unternehmen Virgin Galactic arbeitet daran, Raketen mit Flugzeugen in obere Luftschichten zu bringen und von dort aus zu starten, was durch die dünnere Luft und die geringere Erdanziehungskraft erheblich Treibstoff sparen würde.

Die Verwirklichung des Ziels, die Kosten zu senken und Raketen zu bauen, die wieder Passagiere zum Mond bringen können, rückt also in erreichbare Nähe. Und es geht dabei um nicht mehr und nicht weniger als die Eroberung des Weltalls. Es werden Transportmittel benötigt, die Astronauten, Astronautinnen und Fracht kostengünstig und im großen Stil in den Weltraum bringen können. Erst wenn diese Frage gelöst ist, werden wir den Weltraum weiter erkunden können. Erst dann wird es möglich, größere Raumschiffe zu konstruieren und aus dem Erdorbit zu starten, Raumstationen zu bauen und andere Planeten zu besiedeln. Erst dann können wir die Idee umsetzen, uns so über den Weltraum zu verteilen, dass unsere Spezies nicht mehr durch eine Katastrophe auf der Erde vernichtet werden kann oder sich durch den Klimawandel selbst auslöscht. Für Stephen Hawking war es die letzte große Herausforderung der Menschheit, um das Überleben unserer Zivilisation zu sichern.

Eines der spektakulärsten Projekte, wie die Reise zum Mond lange Zeit als unmögliches Unterfangen angesehen, ist der Aufzug ins Weltall. Auch diese Idee stammt aus dem 19. Jahrhundert, genauer aus dem Jahr 1895. Der Russe Konstantin Ziolkowski stellte sich, inspiriert von dem wenige Jahre zuvor fertiggestellten Eiffelturm, einen 35 786 Kilometer hohen Turm vor: mit einem Lift in den Weltraum. Allerdings ist die Idee in der Form nie verfolgt worden. Ein derart hohes Bauwerk ist mit den heutigen technischen Mitteln nicht denkbar.

Eher schon ist eine andere Herangehensweise an das Projekt interessant: ein langes Seil, das bis in den Weltraum gespannt wird. Enden soll es im geostationären Orbit der Erde, wo Objekte in einer Entfernung um die Erde kreisen, in der sich Gravitation und Fliehkraft bei der gleichen Winkelgeschwindigkeit wie der der Erde ausgleichen. Das Objekt befindet sich dadurch immer über demselben Punkt. Lange wurde es als senkrecht verlaufendes Seil in den Weltraum gedacht, doch durch die Erdumdrehung gibt es einen Mitnahmeeffekt, der ähnlich wie beim Abschleppen eines Autos wirkt. Die Erde zieht an dem Seil, und deshalb muss es deutlich länger als 35 786 Kilometer sein, nämlich rund 100 000 Kilometer. Eine Bedingung, die es nicht gerade leichtmacht, ein solches Seil zu konstruieren. Es würde nämlich unter seinem Eigengewicht zerreißen. Mit Stahl würde das schon bei einer Länge von knapp 30 Kilometern passieren.

Doch einer der Experten für dieses Thema, der Physiker Bradley Edwards, ist sich sicher, dass alle technischen Herausforderungen zu bewältigen sind. Seit 1998 veröffentlicht er Studien zum Weltraumaufzug. 2000 und 2003 wurden sie sogar von der NASA unterstützt. Nach seinem Konstruktionsplan würde das Seil nicht unter dem Eigengewicht reißen. Der Aufzug würde sich natürlich viel langsamer als Raketen bewegen, dafür aber mit weitaus weniger Energie viel größere Frachten transportieren können. Statt nämlich Unmengen an Energie aufzubringen, um die Erdbeschleunigung von $9,81\,m/s^2$ zu überwinden, muss hier nur die Energie aufgewendet werden, um die Höhendifferenz zu überwinden. Das Seil trägt das Gewicht und hält den Aufzug auf dem erreichten Level. Es ist ein einfaches, aber geniales Prinzip.

Wie aber wird die Kabine mit Energie versorgt? Wie muss das Seil beschaffen sein, damit es nicht reißt? Wie also kann ein Seil hergestellt werden, das extrem leicht und lang ist? Bradley Edwards meint, diese Probleme gelöst zu haben. Das im wahrsten Sinne des Wortes zentrale Element des Aufzuges soll ein Seil aus Kohlenstoff-Nanoröhrchen sein. Mit einem Durchmesser von 3 Millimetern ist dieser Faden in der Lage, ein Gewicht von 45 Tonnen zu tragen. Ein Kilometer dieses Seiles wiegt nur 400 Gramm. Das Seil wird dabei an einem Satelliten in 35786 Kilometern Höhe und an einer Plattform zum Beispiel auf See befestigt. Dadurch könnte es auch problemlos Weltraumschrott ausweichen.

Indessen gibt es Zweifel an der Realisierbarkeit. Das Material für das Seil existiert zwar. Aber kann daraus wirklich ein so langes Seil hergestellt werden? Bisher gibt es keine Forschungen dazu, wie Nanoröhrchen für ein solches Seil zu optimieren wären. Aber für die Lösung anderer Probleme gibt es schon Ideen. So könnte die Kabine von der Erde aus durch Laserstrahlen mit Energie versorgt werden. Schwingungen, die durch Luftbewegungen und die Kabinen selbst verursacht werden, könnten durch Gegenschwingungen von der Bodenstation ausgeglichen werden. Beschädigungen könnten durch ständige Reparaturen behoben werden.

Edwards ist sich seiner Sache sicher. Und auch das amerika-

Der Space Elevator der NASA als Zeichnung. Das Prinzip des Weltraumaufzugs würde in einem Orbit um den Mond ebenfalls funktionieren.

nische Unternehmen Liftport bastelt am «Space Elevator». Es sammelt zurzeit per Crowdfunding Geld ein, um den Weltraumaufzug tatsächlich zu bauen. Die Kosten werden auf 15 Milliarden Dollar geschätzt.

In Japan ist man schon weiter. 2018 wurde das Modell eines Aufzuges an der Internationalen Raumstation ISS getestet. Zwei Cubesats, also Minisatelliten, wurden mit einem Seil aus der Stoffverbindung Kevlar verbunden, und ein Container wurde daran mit einem Motor bewegt. Der Test wurde von einem Forschungsteam der Universität von Shizuoka und dem Bauunternehmen Obayashi durchgeführt. Bis Mitte des Jahrhunderts soll der Aufzug Realität geworden sein. Sogenannte Climber sollen dann zwischen einer Raumstation und der Erde hin- und herfahren. Die Climber sollen 18 Meter lang sein, einen Durchmesser von sieben Metern haben und rund 30 Passagiere in den Weltraum befördern können.

Der nächste Schritt auf dem Weg ins Weltall könnte also zunächst in einen Aufzug führen; ein ziemlich utopischer Plan, aber denkbar, so wie Jules Verne die Reise zum Mond vorhergesehen hat. Und es wäre ein viel größerer Schritt für die Menschheit, als ihn damals Neil Armstrong getan hat. Vielleicht ist er nicht ganz so symbolträchtig, aber er wird unsere Welt verändern. Von einem auf den anderen Tag könnten wir Menschen und Fracht für fast zu vernachlässigende Kosten in den Weltraum bringen. Und Raumflugkörper in verschiedenen Höhen vom Aufzug entkoppeln und auf die Reise schicken. Das eröffnet im wahrsten Sinne des Wortes ganz neue Dimensionen. Missionen in die entlegensten Bereiche unseres Sonnensystems wären realisierbar.

Und eine Stippvisite ins All könnte sich fast jeder leisten: in eine wirklich unglaubliche Entfernung von der Erde, denn die Internationale Raumstation ISS kreist in lediglich 400 Kilometern um unseren Heimatplaneten. Die Raumstation am Ende des Aufzuges wäre neunzig Mal weiter von der Erde entfernt als die ISS.

Mit dem Aufzug zum Mars

Und übrigens: Die zahlreichen Studien und Überlegungen zeigen, dass all diese Techniken jetzt schon zum Bau von Weltraumaufzügen genutzt werden könnten, nämlich auf dem Mars und auf dem Mond. Und da würde schon heute verfügbares Material wie Kevlar vollkommen ausreichen. Die Menschheit könnte also vielleicht schon viel früher einen solchen Weltraumaufzug einsetzen, als wir heute ahnen. Durch die Forschungen in diesem Bereich sind wir diesem Ziel fast unbemerkt so nah gekommen, dass wir es zunächst an anderen Orten umsetzen könnten. Und mit den dort gemachten Erfahrungen rückt ein solcher Aufzug dann auch auf der Erde in greifbare Nähe.

An die Grenze gehen –
Visionäre

Steve Jobs meinte einmal zum Thema Marktforschung: Hätte er sie angestellt, so wäre kein einziges Produkt von Apple jemals entstanden. Und recht hatte er. Als der Personal Computer kurz vor seinem Siegeszug stand, hieß es noch, dass niemand so etwas zu Hause gebrauchen könne, da niemand diese (damals noch sehr schwache) Rechenleistung benötige. Ken Olsen, Gründer der Computerfirma Digital Equipment Corp., machte 1977 die wenig visionäre Aussage: «Es gibt keinen Grund, warum irgendjemand einen Computer in seinem Haus haben wollen würde.» Da hat er sich geirrt, und zwar massiv. Offensichtlich fehlte es diesen Voraussagen an Phantasie. Und dann kam der Apple I und danach der erste Rechner für die Massen, der Apple II, und damit Visi-Calc, das erste Tabellenkalkulationsprogramm. Eine absolute Revolution, ein Taschenrechner auf einem virtuellen Blatt Papier, mit dem man Formeln und Werte überall und jederzeit ändern konnte. Mit diesem Programm zeigte der Computer, warum er ein Gerät für jedermann ist.

Wir brauchen sie

Heute gehört er zu unserem Alltag, und als Smartphone tragen wir ihn ständig bei uns. Wir schreiben damit Dokumente und versenden sie direkt, wir kaufen ein, wir lesen, hören, schauen Videos, drehen Videos und machen Fotos, wir suchen sogar Partner damit. In den siebziger Jahren war das noch absolut unvorstellbar, und bei einer Umfrage hätte niemand auch nur im Entferntesten an dieses Produkt und seine Möglichkeiten den-

Elon Musk

ken können. Sprich: Wenn wir nur das für die Zukunft prognostizieren und in Angriff nehmen, was uns möglich erscheint, dann würden wir womöglich noch im Mittelalter leben. Wir brauchen also die Innovation, wir brauchen Menschen, die Visionen haben. Und wer Menschen mit Visionen, wie Helmut Schmidt einmal, zum Arzt schicken will, der hat die Triebfeder unserer Zivilisation nicht verstanden.

Wir brauchen diese Menschen, und wir brauchen ihre kühnen Projekte, mit denen sie an die Grenzen zum Scheitern gehen. Steve Jobs war ein solcher Mensch, ohne den es manche Erfindung, den Personal Computer, die grafische Benutzeroberfläche, das Smartphone, nicht oder zumindest viel später gegeben hätte. Er

Nikola Tesla 1890

ist große Risiken eingegangen, hat aber am Ende eines der wertvollsten Unternehmen der Menschheitsgeschichte aufgebaut.

Menschen wie dieser haben in den letzten 150 Jahren immer wieder für bahnbrechende Entwicklungen gesorgt oder ihre Grundlagen entwickelt. Nikola Tesla, die Gebrüder Mannesmann, Albert Einstein, Marie Curie und, und, und. Allen ist gemeinsam, an die Grenzen zu gehen, nicht aufzugeben und diese Grenzen auch einmal zu überschreiten. Elon Musk hat gleich zwei Dinge vollbracht. Er hat es geschafft, die Raumfahrt mit SpaceX durch dramatische Kostensenkungen viel billiger zu machen und damit komplett andere Projekte zu ermöglichen. 2020 startet er schnelles Internet für die USA und 2021 weltweit mit Hilfe einiger

Steve Jobs

hundert seiner Starlink-Satelliten, von denen er mit seinen Falcon-Raketen Tausende und am Ende Zehntausende in den Erdorbit bringen will. Er baut mit der Falcon Heavy die zurzeit stärkste Rakete der Welt.

Und auch den Automobilbau revolutionierte er. Er schuf das erste wirklich praxistaugliche Elektroauto. Schneller als alle anderen Hersteller identifizierte er das Hauptproblem, das Batterieproblem, bei der Elektromobilität und löste es mit einem ausgeklügelten Batteriemanagementsystem. Die Batterien eines Tesla verlassen niemals den optimalen Temperaturbereich, halten deshalb deutlich länger als andere Entwicklungen und stellen dauerhaft optimale Fahrleistungen zur Verfügung. Tesla hat seine Patente freigegeben. Andere Produzenten können ihre Technologien jetzt darauf aufbauen, was die Innovationen in diesem Bereich erst möglich gemacht hat.

Es geht darum, innovative, wirklich bahnbrechende Visionen zu entwerfen und sie dann auch in die Tat umzusetzen. Und Bedenken sind dann nicht dazu da, ein Projekt für unrealisierbar zu erklären, sondern die Rahmenbedingungen zu definieren und die Herausforderungen einzugrenzen. Ein gutes Beispiel dafür ist das iPhone. Nach seiner Präsentation verstiegen sich einige Mobiltelefonhersteller sogar dazu, Steve Jobs eine große Lüge zu unterstellen. Sie hielten es für ausgeschlossen, dass die nötige Technik überhaupt in ein solch kleines Gehäuse passen würde. Und das waren keine Laien, sondern absolute Experten und Expertinnen in diesem Bereich. Unsere Erfahrung ist eben nur begrenzt, und wir können uns nicht auf sie verlassen, wenn neue Wege gegangen werden. Deshalb sollten wir nicht misstrauisch sein, sondern neugierig, wenn Visionen Realität werden sollen.

Wissenschaft: China überholt den Rest der Welt!

Fünfzehn Grad an den Weihnachtstagen und dafür Minusgrade an Ostern. «Das Wetter macht halt, was es will!», wusste schon meine Oma. Aber so ganz machtlos sind wir gar nicht – im Gegenteil: Wir Menschen können in gewisser Weise tatsächlich das Wetter beeinflussen! Und genau das hat China im ganz großen Stil vor: Hier wird die wohl größte Wettermaschine der Welt gebaut. Und das ist nur eines von vielen Beispielen, die eindrucksvoll belegen, dass China dem Westen schon sehr bald den Rang ablaufen wird.

Spätestens 2050 will die Regierung das Land zur «führenden Wissenschaftsmacht der Welt» machen. Wirkte die chinesische Forschung noch vor einigen Jahrzehnten abgeschieden und nebulös, kommen jetzt fast täglich Meldungen, die die Welt aufhorchen lassen. Das ist das Ziel der Chinesen. Dafür wurden seit 1999 die Investitionen in die Forschung pro Jahr um 20 Prozent gesteigert. Der Plan lautet: aufholen und überholen. Derzeit melden Chinesen 17 Mal mehr Patente an als Deutsche; an den Hochschulen in China gibt es mehr Studierende als in der gesamten Europäischen Union.

Aber von vorne – und zurück zum Wetter. Zur Eröffnung der Olympischen Spiele im Jahr 2008 in China waren schwere Unwetter vorhergesagt. Aber rund 1000 Raketen mit der chemischen Verbindung Silberiodid (auch: Silberjodid) an Bord sollen Blitz, Donner und sintflutartige Regenfälle verhindert haben. Nach Angaben der chinesischen Nachrichtenagentur Xinhua wurden die Raketen von 21 Stellen in die Regenwolken geschossen, sodass diese außerhalb von Peking zum Abregnen gebracht wurden.

Das ist aber gar nichts im Vergleich zum nächsten großen Coup,

Tianyan, «Himmelsauge», nennt der chinesische Volksmund das FAST-Radioteleskop in Kedu im Südwesten des Landes. Es ist mit 520 Metern Hauptspiegeldurchmesser das größte der Welt.

den China schon in naher Zukunft umsetzen will: die größte Wettermaschine der Welt, geplant im tibetischen Hochland, einer Region, die so groß ist wie Frankreich, Italien, Spanien und Portugal zusammen. Dort will China schon in naher Zukunft das Wetter gestalten und dieses Gebiet künstlich beregnen lassen. Denn nicht zuletzt durch den Klimawandel droht Tibet zu vertrocknen und zu versteppen. Nach örtlichen Medienangaben soll die nationale Raumfahrt- und Technologiebehörde China Aerospace Science and Technology Corporation (CASIC) dafür eine neue Technik entwickelt haben. Zehntausende Öfen, von denen bereits

500 existieren sollen, müssen dafür in die Gebirgslandschaft von Tibet gebaut werden. Zwar sollen diese wohl mit fossilen Brennstoffen wie Kohle oder Holz befeuert werden, aber China bezeichnet das Vorhaben als gigantisches Zukunftsprojekt. Ein einzelner dieser Öfen soll Wolkenstreifen mit einer Länge von fünf Kilometern zum Regnen bringen. Auch hier ist wieder Silberiodid im Spiel. Insgesamt soll die ganze Aktion nach chinesischen Angaben zehn Milliarden Kubikmeter Wasser zusätzlich zur Verfügung stellen. Konkret sollen die Öfen möglichst hoch im Gebirge installiert werden, wo starker Wind herrscht. Denn nur so könnten die Silberiodid-Partikel durch die Aufwinde hoch in den Himmel gelangen. Das Silberiodid sorgt dafür, dass wasseranziehende Salze freiwerden. Sie verbinden sich mit den Wassertröpfchen vieler kleinerer Wolken zu eben einer großen. Durch ihr Gewicht sinkt sie ab und löst sich auf: es regnet.

Gentechnik auf Abwegen

Auch in anderen Bereichen ist China sehr aktiv. Regelmäßige Wow-Effekte produzieren die Chinesen auf dem Feld der Medizin, Biotechnologie und Genetik. Hier machen Gentechnik-Teams auch nicht mehr vor Experimenten mit Menschen halt. Zum einen wirklich sensationell, was heute biomedizinisch möglich ist; auf der anderen Seite ist die Forschung auf diesem Gebiet durchaus furchteinflößend. Wie in diesem Beispiel: Der chinesische Forscher He Jiankui von der Southern University of Science and Technology in Shenzhen hat die Gene von zwei Embryonen so manipuliert, dass sie gegen eine HIV-Infektion immun sein sollen. Er behauptete in einem Interview mit der US-Presseagentur Associated Press (AP) (vom 26.11.18), dass weltweit die ersten

beiden genmanipulierten Babys geboren worden seien, Zwillings-
schwestern, deren Vater HIV-positiv war. Dazu der Wissenschaftler in einem YouTube-Video: «Zwei wunderschöne kleine chinesische Mädchen namens Lulu und Nana kamen vor einigen Wochen
schreiend und so gesund wie jedes andere Baby zur Welt.»

Er habe, so He, das neue Allzweckwerkzeug der Gentechnik,
das Crispr / Cas9-Verfahren (kurz Crispr), genutzt, um die Kinder
resistent gegen HIV zu machen. Die Methode revolutioniert seit
einigen Jahren die Gentechnik. Denn mit ihrer Hilfe lassen sich
ausgewählte Gene einfügen, ausschalten oder auch umschreiben,
und zwar sehr einfach. Sie funktioniert quasi so simpel wie eine
Schere; mit ihr kann die DNA, also das Erbgut, ziemlich effektiv
verändert werden. So gibt es beispielsweise Versuche, Krankheiten bei einzelnen Personen mit Hilfe dieser «Gen-Schere» zu the-
rapieren, doch in den Keimzellen von Menschen, so wie von He
Jiankui, wurde sie bislang noch nicht angewendet. Das ist auch
extrem gefährlich. Denn bei dem Verfahren werden immer wieder auch andere Bereiche des Erbguts betroffen, die eigentlich
gar nicht verändert werden sollen. Die Gefahr besteht, dass so
Erbkrankheiten ausgelöst werden oder dass die genmanipulierten
Lebewesen anfälliger für Krebserkrankungen werden.

Deshalb und aus ethischen Gründen sind Menschenversuche
mit Crispr / Cas9 verboten. Und die Folgen sind noch weitreichen-
der: Denn die gentechnischen Veränderungen sollten nicht nur
die nun geborenen Zwillinge selbst betreffen. Falls der Plan von
He Jiankui wirklich aufgegangen sein sollte, befinden sich die Veränderungen in allen Zellen im Körper der Babys – somit könnten
sie diese auch an ihre Nachkommen weitergeben.

Konkret soll der Forscher mit Hilfe der Crispr / Cas9-Techno-
logie quasi eine Art Eingangstor ausgeschaltet haben, über das
das Aids-Virus HIV normalerweise in die menschlichen Zellen

gelangt. Genauer gesagt geht es um das Gen für den sogenannten CCR5-Rezeptor, an den sich HI-Viren für eine Infektion der Zelle anheften. He Jiankui jedenfalls behauptet, 16 Embryonen von insgesamt sieben Paaren so mit der Crispr/Cas9-Methode behandelt zu haben. Die Mütter waren gesund, die Väter mit HIV infiziert. Die Embryos entstanden nach künstlicher Befruchtung. Elf der behandelten Embryonen wurden dann wieder in die Frauen eingesetzt, wobei es letztlich dann eben zu dieser einen erfolgreichen Schwangerschaft kam.

Laut dem Interview mit dem chinesischen Forscher sei der Plan aber nur bei einem der Zwillinge aufgegangen; bei dem zweiten wurde wohl nur eines der beiden verantwortlichen Gene herausgeschnitten, sodass eine Infektion mit HIV weiter möglich sei. He Jiankuis Angaben zufolge sei die Wahrscheinlichkeit aber hoch, dass die Erkrankung nicht so aggressiv verlaufe wie gewöhnlich.

Klar ist jedenfalls: Die Folgen dieser Behandlung sind komplett unbekannt und die Zukunft der beiden Kinder somit vollkommen ungewiss. Fachleute weltweit waren entsetzt, denn schließlich weiß man beispielsweise nicht, ob die herausgeschnittenen Gene vielleicht für andere wichtige Vorgänge im Körper notwendig sind. Dieses Beispiel zeigt aber, wie aggressiv in China vorgegangen wird und sich zumindest Einzelpersonen genötigt sehen, Grenzen zu überschreiten. Andererseits wurde He für sein unethisches Vorgehen mit Berufsverbot belegt und zu drei Jahren Haft verurteilt.

Im Bereich Verkehr steht China dem Westen in nichts mehr nach. Hier werden die meisten Elektroautos produziert. Und auch bei Transportmitteln der Zukunft ist das Reich der Mitte weit vorne. China hat überhaupt keine Vorbehalte gegenüber neuen Technologien und ist experimentierfreudig. Das Land spielt dabei die Vorteile einer Ein-Parteien-Diktatur aus: einsame, aber schnelle Entscheidungen, kein Widerspruch von Politik und Verwaltung und kaum öffentliche Debatten.

Gute Ideen aus dem Westen werden sofort kopiert, zum Beispiel Elon Musks Hochgeschwindigkeits-Verkehrssystem Hyperloop. In China heißt es «Hyperflight» und soll mit 4000 Kilometern pro Stunde durch eine fast luftleere Röhre rasen. In einer ersten Phase sollen die geplanten «fliegenden Züge» in einer Röhre mit 1000 Kilometern pro Stunde wichtige Städte in China verbinden. Passagiere könnten dann in einer guten Stunde die 1100 Kilometer von Peking nach Wuhan in Zentralchina zurücklegen. Schon in naher Zukunft sollen dann auch internationale Trassen entstehen. Mit unglaublichen 4000 Kilometern pro Stunde soll das Projekt Hyperflight in Richtung Westen und auch nach Europa ausgebaut werden. Der Plan stammt von Chinas staatlichem Raumfahrtkonzern China Aerospace Science and Industry Corporation (CASIC). Demnach sollen mehr als 20 chinesische und internationale Forschungsgruppen an diesem Projekt arbeiten.

Mit Tempo 4000 durch die Röhre

In China werden solche Entwicklungen mit viel höherem Druck vorangetrieben als im Westen. Hier muss Musk sie ja sogar zum Teil gegen Widerstände durchdrücken. 4000 Kilometer pro Stunde – das klingt schon wie Wahnsinn! Die Höchstgeschwindigkeit des Airbus A380 liegt bei 1020 km/h und die der Boeing 787 bei 954 km/h. Die Transporttechnik soll wohl ähnlich wie beim Hyperloop von SpaceX-Chef Elon Musk funktionieren, der dann im Vergleich bei den angedachten Höchstgeschwindigkeiten von 4000 km/h wie ein Bummelzug wirken würde.

Genau wie der Hyperloop soll der Hyperflight in einer weitgehend luftleeren Röhre unterwegs sein, sodass der Luftwiderstand reduziert wird. Dadurch, dass sich der geplante «fliegende Zug» per Magnetschwebetechnik fortbewegt, entsteht keine Reibung. In dem offiziellen Statement des technischen Leiters, Mao Kai, heißt es: «Hyperflight wird die Transportzeit zwischen Städten verkürzen, Witterungseinflüssen trotzen und den Verbrauch fossiler Brennstoffe vermeiden! Es repräsentiert die Zukunft der Transporttechnologie!»

Beschleunigungs- und Bremsvorgang seien darauf ausgelegt, dass die Passagiere sie ohne Probleme aushalten. Und die Chinesen haben ja bereits Erfahrungen mit der deutschen Magnetschwebebahn, dem Transrapid, der dort wegen des hohen Luftwiderstands meistens mit reduzierter Geschwindigkeit fährt. Der Energieverbrauch ist sonst zu hoch. Sie wissen also, worauf zu achten ist und warum Musks Idee der praktisch luftleeren Röhre viele Probleme lösen würde.

Konkrete Versuchsanordnungen zu Musks Hyperloop gibt es inzwischen übrigens auch im niederländischen Delft und im französischen Toulouse. Doch vor allem das chinesische Projekt wirft zahlreiche ungelöste Fragen auf: Wie kann man diese Technik erdbebensicher machen? Wie lässt sich die Sicherheit der tausend und mehr Kilometer langen Vakuumröhren sicherstellen? Wie lässt sich ein dermaßen schneller Zug schnell und sicher abbremsen? Zu diesen und anderen technischen Schwierigkeiten allerdings gibt es keine offiziellen Aussagen. Sie scheinen auch nicht die oberste Priorität zu haben. Lieber will man wohl neue Technologien entwickeln, als zu viel Zeit für Bedenken aufzuwenden.

Und genauso ist es in Sachen Raumfahrt und Astronomie. Angefangen mit dem erfolgreichen Bau des größten Radioteleskops

Vorschau auf den Mars: ein bewaldetes Hochhaus des italienischen Stararchitekten Stefano Boeri.

weltweit, das 2016 seinen Betrieb aufgenommen hat. Der Haupt-spiegel des Observatoriums FAST (Five-hundred-meter Aperture Spherical Telescope) hat einen Durchmesser von unglaublichen 530 Metern. Die Chinesen wollen mit seiner Hilfe bahnbrechende Entdeckungen machen, beispielsweise bei der Erforschung von Gravitationswellen und auf der Suche nach außerirdischem Leben. Für den Bau des Teleskops wurden in der Provinz Guizhou im Süd-westen Chinas mehr als 8000 Einwohner umgesiedelt. Mit sei-ner Hilfe will China zehn bis 20 Jahre in der astronomischen For-schung weltweit führend bleiben.

Auch im Weltraum hat China Pläne, die im ersten Moment wie Science-Fiction pur klingen, an denen die Chinesen aber voller Ernst und mit erstaunlicher Akribie arbeiten. Sie haben den Wil-len, nahezu Unmögliches in extrem kurzer Zeit umzusetzen. Bei-spielsweise will ein chinesisches Forschungsteam einen erdnahen Asteroiden einfangen und ihn sicher zur Erde bringen. Das soll mit Raumschiffen oder einem Schwarm von Sonden gelingen. Schon im Jahr 2034 könnte so ein Brocken kontrolliert auf unbewohntem Gebiet niedergehen und damit das Leben auf der Erde vor Schlim-merem bewahrt werden – vor einem befürchteten Einschlag näm-lich.

Das Konzept stammt aus einem chinesischen Ideen-Wettbe-werb in Shenzhen. Hier werden Forschungsteams motiviert, au-ßergewöhnliche und bahnbrechende Konzepte zu entwickeln. Dazu einer der beteiligten Forscher, Li Mingtao: «Ja. Es klingt wie Science-Fiction. Jedoch glaube ich, dass es umgesetzt werden kann.» Die Idee hat es mit 59 weiteren Konzepten jedenfalls ins Finale geschafft. Einer chinesischen Nachrichtenagentur zufolge tüfteln Wissenschaftlerinnen und Wissenschaftler des Qian Xue-sen Laboratory of Space Technology schon an der konkreten tech-nischen Umsetzung für den Asteroiden-Fang. Indessen mangelt es noch an der Entwicklung von Schlüsselkonzepten, sagt das Forschungsteam selbst. Zudem sei auch die Suche nach geeigneten Kandidaten unter den Asteroiden keinesfalls bereits abgeschlossen.

Die Idee sieht vor, Raumschiffe oder Sonden in Richtung des Zielasteroiden zu schicken. Diese könnten eine Art übergroße Tasche im Schlepptau haben, die den Asteroiden einhüllt und seine Geschwindigkeit drosselt. So könnte er dann Zug um Zug in Richtung Erde gezogen werden. Dem Konzept zufolge würde dann ein bereits entwickelter Hitzeschild seine Eintrittsgeschwindigkeit weiter reduzieren – so könnte er den Sturz auf die Erde überstehen und würde nicht in der Atmosphäre verglühen. Dafür müsste seine Geschwindigkeit nach Angaben der chinesischen Nachrichtenagentur von 12,5 km pro Sekunde auf etwa 140 Meter pro Sekunde gedrückt werden. Dass der kontrollierte Absturz zudem natürlich in einem unbewohnten Gebiet stattfinden muss, gehört wohl zu den größten Herausforderungen für das Projekt: Denn der Asteroid dürfte keinesfalls außer Kontrolle geraten, sobald er in die Erdatmosphäre gelangt ist.

Ziel der Mission sei es, Objekte aus dem Weltall zu beseitigen, die der Erde gefährlich werden könnten. Man wolle solche Asteroiden aber auch genauer erforschen und so Hinweise auf die Entstehung unseres Sonnensystems erhalten. Zudem könnte man sich auch die Ressourcen, die Asteroiden enthalten, zunutze machen: Metalle und Mineralien zum Beispiel, die auf der Erde nur selten zu finden sind. Ob dieser Wahnsinnsplan aufgeht oder nicht – fest steht jedenfalls, dass China im Weltraum weit vorn sein wird. Deshalb mischt man auch beim Wettlauf um den Mars mit konkreten – und irre klingenden – Plänen mit: beispielsweise für eine grüne Kolonie. Gemeint ist damit ein komplett vertikaler Wald!

Nicht wenige Mars-Begeisterte gehen ja davon aus, dass in spätestens hundert Jahren Bäume auf dem Mars wachsen, was es dann auch für uns Menschen möglich macht, dort zu leben. China will in Zusammenarbeit mit dem italienischen Star-Architekten Stefano Boeri eine grüne Marskolonie entstehen lassen – mit sogenannten vertikalen Wäldern. Seine begrünten Hochhäuser haben den italienischen Architekten weltbekannt gemacht.

Unter anderem arbeitet er jetzt daran, einen kompletten chinesischen Stadtteil grün zu machen. Laut seinen Plänen sollen in der «Forest City», also Waldstadt, in der chinesischen Stadt Shijiazhuang 100 000 Menschen leben können. Dabei geht es lediglich um eine Fläche von 2,25 km². Die unzähligen Pflanzen dort sollen seinen Angaben zufolge die Lebensqualität der Menschen stark verbessern: Denn Bäume und andere Pflanzen sollen nicht nur die Luft reinigen, sondern auch für eine natürliche Dämmung sorgen, dadurch Energiekosten sparen und im Übrigen auch weniger Verbrauch von Flächen für die Landwirtschaft ermöglichen.

Das Mars-Konzept von Stefano Boeri trägt den Namen «New Shanghai», gewissermaßen eine Kolonie der chinesischen Metropole auf dem roten Planeten, eine Art «Öko-Stadt». In riesigen versiegelten Kuppeln sollen Türme stehen, die mit Pflanzen bedeckt sind. Diese runden hülsenartigen Gefäße sollen zunächst von der Erde auf den Mars gebracht werden und dort dann die grüne Kolonie bilden. Nach Boeris Idee würden auch wir Menschen in diesen Kuppeln leben. Komplette, abgeschlossene Ökosysteme, die wie eine Art «Samen» auf dem Roten Planeten «gepflanzt» werden könnten. Boeris künstlerisch angehauchtes Projekt kann man mit Augmented-Reality-Technologie schon heute hautnah erleben. An diesem Projekt sind auch die Tongji-Universität und die chinesische Raumfahrtbehörde beteiligt.

Wie aber soll das Ganze Im Einzelnen funktionieren? Schließlich sind die Bedingungen auf dem Mars nicht gerade lebensfreundlich – auch wenn der Mars der Planet in unserem Sonnensystem ist, welcher der Erde am ähnlichsten ist. Nicht nur die durchschnittliche Temperatur von minus 56 Grad Celsius würde es uns Menschen dort schwer machen. Es gibt auch zu wenig Sauerstoff, die Atmosphäre besteht hauptsächlich aus Kohlendioxid und ist etwa hundertmal dünner als auf der Erde. Spezielle Raumanzüge müssten Leben auf dem Mars vor der kosmischen Strahlung schützen.

Ein Hundert-Jahre-Plan

Das sind also die Bedingungen, die auf dem Roten Planeten vorherrschen und denen zukünftige Kolonien trotzen müssten. Dazu hat sich die chinesische Weltraumorganisation noch nicht konkret geäußert. Realistisch betrachtet, ist die Idee derzeit nicht mehr als eine kühne Vision. Aber immerhin bleiben ja auch noch hundert Jahre, um das Ganze technisch umzusetzen.

Fest steht jedenfalls: China hat Visionen und große Pläne. Neidlos muss man an dieser Stelle festhalten, dass manche in Dimensionen gedacht sind, die wir uns kaum vorstellen können. Welche Projekte wie genau in der Zukunft realisiert werden können, wird sich zeigen. Aber eines muss man den Chinesen schon jetzt lassen: Sie haben den Mut, scheinbar unmögliche Projekte anzugehen. Etwas, was in Europa oft fehlt. Wenn wir so weitermachen, werden wir den Anschluss an China garantiert verlieren.

Relativitätstheorie:

Die Krümmung der Raumzeit

Die Lichtgeschwindigkeit ist unveränderlich. Das ist die Basis der speziellen und der allgemeinen Relativitätstheorie. Diese Konstante verformt Raum und Zeit. Licht bewegt sich im Vakuum exakt mit einer Geschwindigkeit von 299 792 Kilometern pro Sekunde. Nicht mehr und nicht weniger, unter keinen Umständen, solange die Lichtteilchen, die Photonen, nicht mit anderen Teilchen interagieren. Das hat dramatische Folgen: Raum und Zeit werden verformt. Ein Grundprinzip der Physik besagt: In sogenannten Inertialsystemen, in denen ich selbst nicht beschleunigt werde, sind die Bedingungen gleich, egal, ob ich mit 800 Kilometern pro Stunde im Flugzeug über die Erde jette oder im Wohnzimmer auf der Couch sitze. Ich kann zum Beispiel meinen Kaffee überall in Ruhe trinken. Er schwappt nicht über und verhält sich auch ansonsten in beiden Systemen absolut gleich. Der Kaffee fliegt mit derselben Geschwindigkeit wie ich und das Flugzeug.

Der zusammengedrückte Flieger

Das bedeutet aber auch: Wenn ich im Flugzeug mit sechs Kilometern pro Stunde nach vorne zur Toilette gehe, bewege ich mich mit rund insgesamt 806 Kilometern pro Stunde, da sich Geschwindigkeiten addieren. Weil Licht aber immer eine konstante Geschwindigkeit hat, habe ich ein Problem: Zur Lichtgeschwindigkeit kann keine weitere Geschwindigkeit addiert werden. Sie ist ja konstant. Licht kann weder 800 Kilometer pro Stunde schneller werden, wenn es sich im Flugzeug ausbreitet, noch 806 Kilometer pro Stunde. Physikalisch muss es also eine andere Konsequenz

Das berühmte Experiment von Hafele (l.) und Keating (r.) 1971 im Flugzeug: Vier Cäsium-Atomuhren zeigen, dass Einstein recht hat und die Zeit oben in der Luft schneller vergeht als unten auf dem Boden.

geben, und es gibt nur eine Möglichkeit: Das Flugzeug wird in seiner Bewegungsrichtung so stark zusammengedrückt, dass die Lichtgeschwindigkeit an Bord genauso hoch sein kann wie außerhalb des Flugzeugs. Die Entfernungen im Flugzeug müssen so verkürzt werden, dass das Licht sich eben nicht 800 Kilometer pro Stunde schneller bewegen muss. Der Raum wird demnach zusammengedrückt. Hohe Geschwindigkeiten drücken den Raum zusammen. Längenkontraktion wird das genannt.

Aber auch die Zeit wird verändert. Fliege ich über Deutschland, sehe ich, wie das Licht längere Distanzen zurücklegt als am Boden. Während für den Beobachter am Boden der Abstand zwischen zwei Objekten immer gleich bleibt, sind die Abstände für mich größer. Fliege ich zum Beispiel über Frankfurt, verschieben sich die Punkte, von denen Licht ausgesendet wird, und die Punkte, an denen das Licht ankommt, während ich über die Stadt fliege. Ich beobachte, dass sie sich auseinanderziehen. Das Licht legt aus meiner Sicht einen längeren Weg zurück. Da Licht aber nicht in derselben Zeit einen längeren Weg zurücklegen kann, muss sich die Zeit bei mir an Bord verlängern, damit das Licht diesen längeren Weg auch zurücklegen kann. Die Konsequenz ist also auch hier dramatisch. Die Zeit an Bord muss langsamer vergehen als am Boden. Eine Reise mit dem Flugzeug ist also auch immer eine Zeitreise in die Zukunft. Während auf der Erde zum Beispiel ein Jahr vergeht, sind es an Bord eines schnellen Raumschiffes zum Beispiel nur 364 Tage, weil die Zeit eben an Bord langsamer vergeht.

Der Nachweis dafür wurde 1971 mit dem Hafele-Keating-Experiment erbracht. Hochgenaue Cäsium-Atomuhren wurden an Bord eines Linienflugzeuges installiert und nach Flügen um die Erde mit Atomuhren verglichen, die sich stationär auf der Erde befanden. Tatsächlich gingen die Uhren an Bord langsamer. Hohe Geschwindigkeiten verlangsamen die Zeit. Das Phänomen heißt Zeitdilatation.

Es hat noch eine weitere Konsequenz: Auch bei einem sehr schnell fliegenden Asteroiden vergeht die Zeit langsamer. Wenn er auf einem Planeten einschlägt, ist aus seiner «Perspektive» die Einschlagsgeschwindigkeit also geringer, auch für einen Beobachter auf ihm läuft die Zeit langsamer ab als für einen Außenstehenden. Trotzdem ist der Einschlag für beide Beobachter gleich stark. Daraus ergibt sich eine zusätzliche Konsequenz: Umso schneller sich Materie bewegt, desto schwerer wird sie. Bewegte Objekte haben deshalb eine größere Masse. Auch das hat wieder grundlegende Folgen. Wenn ich also Energie in Masse stecke, um sie zu beschleunigen, wird ein Teil der Energie in Masse umgesetzt. Masse entspricht also Energie, und das eine kann in das andere umgewandelt werden.

Das erklärt Einsteins berühmteste Formel: $E=mc^2$. Energie ist gleich Masse mal Lichtgeschwindigkeit zum Quadrat. Bei einem Kilo Materie heißt das: ein Kilogramm mal 299792 Kilometer pro Sekunde hoch zwei. Das sind 89 Billionen Kilojoule. Damit können zum Beispiel neun Kubikkilometer Wasser um einen Meter angehoben werden. Es sind also Unmengen Energie in Wasser enthalten. Diese Energie ist in der Form von Bindungskräften zwischen Neutronen und Protonen vorhanden, Bestandteilen der Atomkerne. Aus dieser Erkenntnis folgen die theoretischen Grundlagen der Kernspaltung und damit für den Bau von Atombomben und Kernkraftwerken.

Einstein baute seine spezielle Relativitätstheorie zur allgemeinen Relativitätstheorie aus, die heute physikalisch gültige Theorie der Gravitation. Die konstante Lichtgeschwindigkeit hat nämlich Konsequenzen für alle Schwerefelder. Alle Folgerungen aus der speziellen Relativitätstheorie können auf Gravitationsfelder verallgemeinert werden. Für sie gelten dieselben Gesetze wie für das Licht, und sie beeinflussen es auch. Große Massen krümmen die Raumzeit und auch das Licht. Ihre Wirkung auf die Schwerkraft ist dieselbe wie die von Beschleunigung: Die Zeit dehnt sich, das heißt, im Gravitationsfeld kommt es zu Zeitdilatation. Gravitationsfelder verlangsamen die Zeit. Je näher wir der Erde sind, desto langsamer vergeht die Zeit. Unsere Füße sind demnach jünger als unser Kopf. Für die Füße gehen die Uhren langsamer. Für uns ist das ohne jeden Belang, aber bei der Programmierung von geostationären Satelliten muss dieser Effekt genau berücksichtigt werden. Sie kreisen in 36000 Kilometern Höhe in der gleichen Winkelgeschwindigkeit, mit der sich auch die Erdoberfläche dreht, und behalten so die Position über der Erdoberfläche. Und durch die große Entfernung läuft die Zeit bei ihnen schneller ab. Würde man dies nicht berücksichtigen, würden zum Beispiel GPS-Navigations-Satelliten unsere Navigationssysteme vollkommen in die Irre führen.

Und auch ein zweiter Grundsatz der speziellen Relativitätstheorie gilt nun eins zu eins: die Längenkontraktion. Gravitationsfelder drücken den Raum zusammen. Das ist wirklich frappierend: Wir erleben in Form der Gravitation, der Erdanziehungskraft, ganz konkret die allgemeine Relativitätstheorie. Denn die Schrumpfung des Raums ist nichts anderes als die Kraft, die uns auf die Erde zieht. Mit anderen Worten: Weil das Licht eine konstante Geschwindigkeit hat, werden wir von der Erde angezogen.

Noch einmal ganz kurz: Licht kann sich nicht schneller als mit 299 792 Kilometern pro Sekunde ausbreiten. Wird es von einem Gravitationsfeld angezogen, sind zwei Dinge die Konsequenz: Die Zeit wird langsamer, weil das Licht nicht schneller werden kann, und der Raum wird gestaucht, weil Licht in einem Zeitabschnitt keine größeren Distanzen zurücklegen kann. Das Ergebnis: Wir erleben diese Stauchung des Raums, diese Raumkrümmung, als Anziehungskraft.

Gibt es Aliens?

Immer wieder habe ich den Eindruck, dass wir von der Entdeckung von Aliens nur ein My entfernt sind. Es müsste eigentlich schon passiert sein oder eben morgen oder übermorgen geschehen. Manchmal raufe ich mir wirklich die Haare. Und es spricht ja wirklich alles dafür. Wissenschaftler der NASA gehen davon aus, dass wir in den nächsten 20 Jahren außerirdisches Leben entdecken werden. Während es vor wenigen Jahrzehnten noch überhaupt nicht klar war, ob es überhaupt Planeten außerhalb unseres Sonnensystems gibt, sind inzwischen Tausende entdeckt worden und auf einigen hundert könnte Leben möglich sein.

Wasser auf Saturnmond Enceladus

Diese Planeten liegen in der habitablen Zone um einen Stern, also in dem Bereich, in dem angenommen wird, dass die Bedingungen für die Entstehung von Leben gegeben sein könnten. Dort ist es so warm, dass Wasser flüssig wäre, aber auch nicht so heiß, dass es verdampfen würde. Ein entscheidendes Kriterium, denn Leben ohne Wasser wurde bisher noch nicht entdeckt. Es spricht zurzeit noch alles dafür, dass nur in einer solchen Umgebung erdähnliches Leben entstehen kann. Doch bisher konnte auf diesen Exoplaneten kein Leben nachgewiesen werden.

Die Satelliten und Teleskope, die wir im Moment zur Verfügung haben, sind dazu allerdings auch nicht geeignet. Erst das James-Webb-Weltraumteleskop, ein Gemeinschaftsprojekt von NASA, ESA und der kanadischen CSA, soll in der Lage sein, die

Atmosphäre eines Exoplaneten festzustellen und zu analysieren. Dies wird möglich sein, wenn Licht seines Sterns durch die Atmosphäre des Exoplaneten strahlt, anhand des absorbierten Lichts soll dieses Teleskop in der Lage sein, ihre Zusammensetzung zu bestimmen. Leider verschiebt sich der Start des Weltraumteleskops immer weiter nach hinten, aktuell ist das Jahr 2021 angesagt.

Doch auch innerhalb unseres Sonnensystems scheint die Entdeckung von außerirdischen Lebensformen oder zumindest ihren Spuren zum Greifen nah zu sein. Zum Beispiel hat die Raumsonde Cassini 2017 auf dem Saturnmond Enceladus Geysire entdeckt. Der Missionsverlauf wurde daraufhin geändert, und Cassini durchflog diese Geysire, um ihre Zusammensetzung zu untersuchen. Die Ergebnisse waren spektakulär. Messungen durch Cassini ergaben eine Vielfalt organischer Verbindungen unter der Oberfläche des Mondes – und sie deuteten auf flüssiges Wasser hin! Sie enthielten alles, was für Leben notwendig wäre. Allerdings waren die Messinstrumente nicht dazu geeignet, Leben selbst zu finden. Schon bei früheren Vorbeiflügen hatte die Sonde festgestellt, dass Enceladus vollständig mit hochreinem Wassereis überzogen ist, ein Magnetfeld und eine Atmosphäre besitzt, die sich vermutlich vulkanischer Aktivität verdankt.

Auch auf dem Mars gibt es deutliche Anzeichen von Leben: Immer wieder wird mit den verschiedensten Sonden und Messinstrumenten das Treibhausgas Methan festgestellt. Woher kommt es? Wir kennen Methan als ein Gas, das vor allem beim Stoffwechsel von Lebewesen entsteht. Auf der Erde zum Beispiel produzieren es Pflanzen und Tiere. Ein einziges Rind gibt täglich allein mehrere hundert Liter Methan ab. Wer oder was scheidet es also auf dem Mars aus? Oder dem Saturn-Mond Titan, der eine dichte Atmosphäre mit viel Methan enthält? Ungeklärte Fragen. Schon

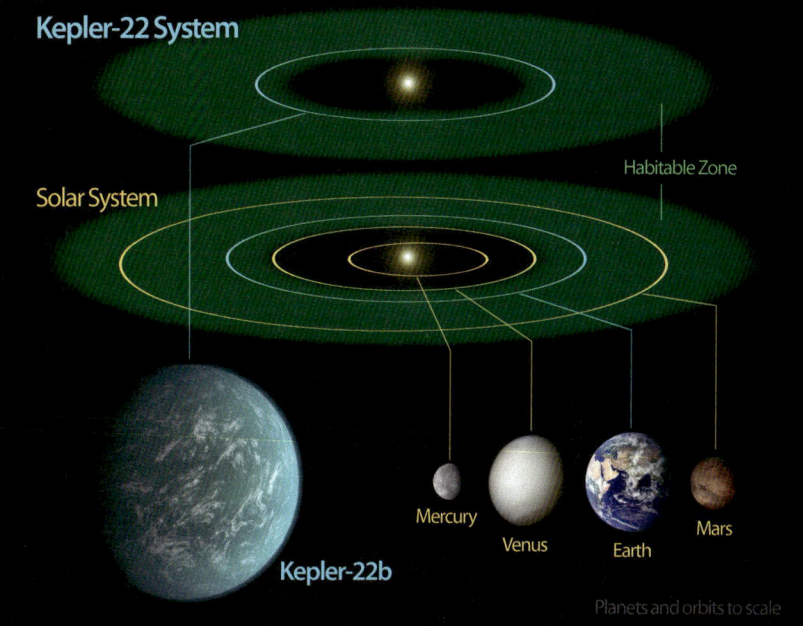

Kepler-22 System

Solar System

Habitable Zone

Mercury

Venus

Earth

Mars

Kepler-22b

Planets and orbits to scale

Die habitable Zone eines Sonnensystems ist der Bereich, in dem sich Leben entwickeln kann. Auch der Exoplanet Kepler-22b befindet sich in einer.

auf der Erde weiß man nicht genug darüber, wie sich die Methan-vorkommen in der Natur regulieren.

Eine Hypothese macht es dabei sogar sehr wahrscheinlich, dass überall, wo es Leben geben kann, auch Leben existiert. Laut der «Spacesperm-Hypothese», oder auf Deutsch: «Panspermie-Hypothese», kam das irdische Leben vor langer Zeit aus dem Weltall. Das Verständnis hier: Es gibt Mikroorganismen, die als Spermien fungieren und Planeten wie die Erde oder eben Mars, Enceladus usw. befruchten. Zum Beispiel das Bärtierchen ist ein bemerkenswerter Kandidat. Es ist in der Lage, komplett auszutrocknen und in eine Todesstarre zu verfallen, die sogenannte Tönnchenphase. Es ist quasi tot und trotzt so Vakuum, kosmischer Strahlung und vielem mehr. Kommen die Bärtierchen in Kontakt mit Wasser, werden die meisten von ihnen wiederbelebt und setzen ihren Lebenszyklus von drei Monaten bis zu 2,5 Jahren fort. Sie erstehen quasi wieder von den Toten auf.

Zurück zu den Exoplaneten: Sind wir eigentlich auf die Entdeckung von Leben außerhalb unseres Sonnensystems und den Kontakt damit vorbereitet? Wohl eher schlecht. Die Mehrheit der Menschen und der Wissenschaftler verweigert die Erkenntnis, dass diese Möglichkeit tatsächlich existiert. Obwohl die Entwicklungen der letzten Jahre immer mehr in diese Richtung deuten. Wenn wir schon an immer mehr Plätzen in unserem eigenen Sonnensystem Bedingungen und Spuren finden, die Leben ermöglichen könnten, müssen wir uns wahrscheinlich mit der Vorstellung anfreunden, dass Leben keine Ausnahme, sondern vielleicht der Normalfall im Weltall ist. Und wenn das so ist, so bedeutet dies, dass die Wahrscheinlichkeit hoch ist, Leben oder Spuren davon zu entdecken.

Nachdem im September 2017 das erste interstellare Objekt auf der Reise durch unser Sonnensystem entdeckt wurde, stellte Professor Abraham Loeb 2018 die These auf, dass es sich dabei um ein Objekt handeln könnte, das von einer außerirdischen Zivilisation stammt – eine Aliensonde, oder ein Teil von ihr. In der wissenschaftsinteressierten Gemeinde brach ein Glaubenskrieg aus. Loeb ist nicht irgendwer. Er leitet die Abteilung Astronomie an der Harvard University, er ist damit einer der wichtigsten Astrophysiker weltweit. Allerdings ist er auch Mitglied der «Breakthrough Starship»-Initiative, die ihrerseits eine Minisonde mit einem Sonnensegel zu unserem benachbarten Sternensystem

Alpha Centauri schicken will. Seine Forschung ist insofern nicht frei von eigenen Interessen.

Indessen sind seine Argumente nicht so einfach von der Hand zu weisen (siehe das nachfolgende Interview). Das Objekt, um das es geht, ist im Oktober 2017 durch das Pan-STARRS-Teleskop auf Hawaii entdeckt worden, als es schon an der Sonne vorbeigeflogen und auf dem Weg aus dem Sonnensystem erneut in den interstellaren Raum war. Es bekam den Namen I1, Interstellares Objekt 1/'Oumuamua. Zuvor hatte es in einer Entfernung von ca. 24 Millionen Kilometern die Erde passiert. Weitere Beobachtungen ergaben, dass I1 zigarrenförmig ist, eine feste Oberfläche hat und ungefähr aus der Gegend der Wega stammen könnte. Inzwischen ist es als Komet eingestuft worden, obwohl es keinen charakteristischen Schweif hat und auch keine Ausgasungen zeigt. Genauso gut ist es möglich, dass es gar kein Komet war.

Flog eine Alien-Sonde an der Erde vorbei?

Die Wahrscheinlichkeit des Durchfluges eines solchen Objektes, wäre es natürlichen Ursprungs, ist extrem gering. Oder es müsste viel mehr solcher Objekte geben als bisher angenommen. Zudem ist mit dem fliegenden Körper etwas extrem Bemerkenswertes passiert. Beim Vorbeiflug an unserer Sonne wurde es durch den Strahlungsdruck beschleunigt. Laut Loebs Berechnungen müsste das Objekt weniger als einen Millimeter dick sein und die Maße von etwa 100 mal 20 Metern haben. Und auch eine neue Studie spricht dafür, dass es ziemlich genau diese Maße hat.

Aus meiner Sicht lässt das nur einen Schluss zu: Es ist künstlicher Natur, hergestellt von einer außerirdischen intelligenten Spezies. Loeb zitierte dazu in einem Interview mit mir Arthur Conan

Doyles Helden Sherlock Holmes: «Wenn man das Mögliche ausgeschlossen hat, muss das, was übrigbleibt, die Wahrheit sein, so unwahrscheinlich sie auch klingen mag.» Auch wenn er sich in seinem Interview sehr zurückhaltend gibt: Die Möglichkeit einer Aliensonde ist nicht nur nicht auszuschließen, sondern sogar wahrscheinlich. Genau hier indessen scheiden sich die Geister. Aber alle Indizien und die Entdeckungen der letzten Jahre sprechen eine klare Sprache: So oder so werden wir in den nächsten Jahren außerirdisches Leben oder zumindest Spuren davon entdecken.

«Wir sind nicht allein
im Universum»

Am 19. Oktober 2017 wurde das erste interstellare Objekt entdeckt: I1/'Oumuamua. Es ist der erste Bote aus dem fernen Weltall. 1I taufte es die astronomische Union: interstellares Objekt Nummer 1; genau: 1I/2017 U1. Die Harvard University (Massachusetts) hat dazu eine Studie veröffentlicht, die es für möglich hält, dass es sich um eine Alien-Sonde handelt. Einer der Autoren ist Abraham Loeb, Professor für Astrophysik an der Harvard University und Vorsitzender des Fachbereiches Astronomie dort. Seine Leidenschaft sind Außerirdische und wie wir sie finden können. Deshalb ist er auch Vorsitzender des Beratungsausschusses des Breakthrough-Starshot-Projektes. Initiiert von Stephen Hawking und Juri Millner, einem russischen Milliardär, ist das ein Projekt, mit dem Dutzende Mini-Raumschiffe an riesigen Lichtsegeln Richtung Alpha Centauri geschickt werden sollen. Millner hat es mit 100 Millionen Dollar finanziert.

Das Konzept: Ein Laser soll seinen Impuls auf ein nur wenige Gramm schweres Sonnensegel geben. Er schießt von der Erde aus und beschleunigt die Minisonden auf die extrem hohe Geschwindigkeit von etwa 20 Prozent der Lichtgeschwindigkeit. Trotz dieser hohen Beschleunigung wird ihre Reise zu unserem Nachbarsonnensystem wohl über 20 Jahre dauern. Die Sonden selbst sind dabei im Gegensatz zu den Lichtsegeln extrem klein. Testsonden wurden bereits in den Erdorbit geschickt und kreisen um unseren Planeten. Es sind die kleinsten je in die Erdumlaufbahn geschickten Satelliten, sie messen 3,5 mal 3,5 Zentimeter und sind damit tausendmal kleiner als die bisher kleinsten Satelliten, die Cubesats, die etwa ein Kilogramm wiegen. Die Sprites, so werden diese Mikro-Raumsonden genannt, wiegen

Abraham Loeb

dagegen nur 4 Gramm. Denkbar ist, dass die Minisonden jeweils unterschiedliche Aufgaben haben werden. Einige könnten Fotos machen, andere zum Beispiel Daten aus der Atmosphäre von Planeten sammeln.

Das größte Element an diesen Sonden ist jeweils das Sonnensegel. Es muss extrem groß sein, um möglichst viel Schub zu entwickeln. Es würden ganz viele solcher Sonden Richtung Alpha Centauri fliegen, um dann im Vorbeiflug Daten zu sammeln. Allerdings hätten sie nur wenig Zeit dafür. Denn der Vorbeiflug wäre bei der hohen Geschwindigkeit von etwa 20 Prozent der Lichtgeschwindigkeit sehr schnell vorüber.

Professor Loeb, ist es richtig, Sie als «Alien-Entdecker» zu bezeichnen?

Nein, ich glaube nicht, wir haben nicht genügend Beweise, um sich der tatsächlichen Natur und des Ursprungs dieses Objekts mit dem Namen 'Oumuamua sicher zu sein. Aber es ist, wie einen Gast zum Abendessen zu haben, von dem Sie erfahren, dass er aus einem anderen Land kommt: Sie können also etwas über dieses Land erfahren. Sie können etwas über eine andere Kultur lernen, indem Sie diesen Gast studieren, ohne ein Flugticket für dieses Land bezahlen zu müssen.

Das Seltsame an diesem Objekt ist: Es weist Eigenschaften auf, die es im Sonnensystem so nicht gibt. Es ist sehr seltsam, es hat eine Form, die viel extremer ist als jeder Asteroid oder Komet, den wir kennen. Wir können das sagen, weil es Sonnenlicht reflektiert. Und als das Objekt nahe an der Erde vorbeigekommen war, konnten wir feststellen, dass es alle acht Stunden einmal rotiert und dass sich die Helligkeit um etwa den Faktor 10 ändert, was bedeutet, dass es mindestens fünfmal länger ist als breit. Wir wissen nicht, wie es aussieht, weil wir keine Gelegenheit hatten, ein Bild aufzunehmen.

Unsere Datenlage ist begrenzt, aber alle Daten, die wir haben, zeigen, dass es ungewöhnlich ist. Beispielsweise Daten aus dem Spitzer-Weltraumteleskop, die noch nicht veröffentlicht wurden. Es gibt Berichte, nach denen nicht viel Hitze wahrgenommen wurde. Die Temperatur des Objekts war begrenzt. Das bedeutet, es handelt sich um einen sehr guten Reflektor, der Sonnenlicht aber nicht gut absorbiert. Am interessantesten aber ist: Dieses Objekt bewegt sich in einer Flugbahn, die nicht nur durch die Schwerkraft der Sonne bestimmt wird. Es wirkt eine zusätzliche Kraft mit sehr hoher Signifikanz. Das ist es, was ihm den Anschein eines Kometen gibt; in der Regel können Kometen durch die Verdampfung von Eis auf der Oberfläche des Kometen einen zusätzlichen Schub erhalten. Aber es gibt keinen Kometenschwanz auf diesem Objekt, und wenn es wie bei einem Kometen einen zusätzlichen Schub gab – die Ausgasung –, dann hätte diese Ausgasung auch die Spin-Periode des Objekts verändert, und das konnten wir nicht feststellen.

Konnten Sie nicht? Was folgt für Sie daraus?

Nein. Es muss also eine andere Quelle für diese Kraft geben. Es gibt zwei Möglichkeiten: Entweder ist diese Analyse der Daten falsch, darüber wurde jedoch im Magazin *Nature* von sehr angesehenen Astronomen berichtet. Oder es gibt eine andere Quelle für diese Kraft. Und unser Artikel versuchte, die zusätzliche Quelle zu erklären. Wir schlugen vor, dass es die Sonnenstrahlen waren und deren Druck auf dieses Objekt. Damit dies effektiv geschehen kann, muss das Objekt sehr dünn sein, weniger als einen Millimeter stark, und eine Größe von etwa 20 Metern oder mehr haben. Das hört sich nach einem Segel an, und in der Tat nennt man das auch so: Sonnen-Segel, ein Segel, das durch Licht statt durch Wind angetrieben wird wie bei einem Segelboot.

Wir entwickeln diese Technologie derzeit selbst für die Erforschung des Weltraums. Ich leite ein Projekt namens Starshot. Ziel ist es, das nächstgelegene Sternensystem, Alpha Centauri, zu besuchen, und ich werde auf der Konferenz «Falling Walls» darüber sprechen. Das brachte mich auf die Idee, dass es vielleicht ein Licht-Segel ist. Und wenn es das ist, wurde es künstlich hergestellt, und dann stellt sich die Frage: Wer hat das getan, und war das eine fremde Zivilisation?

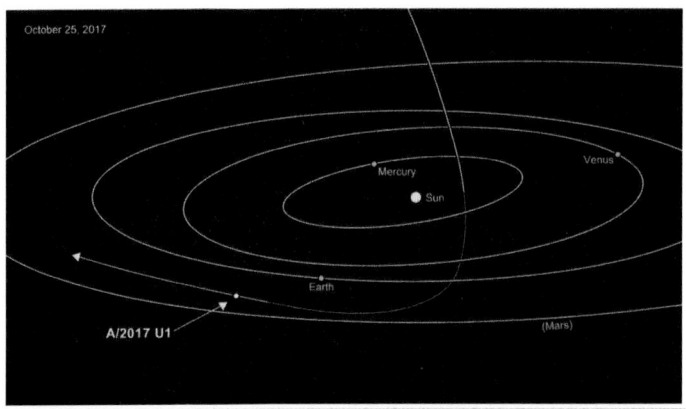

Die bemerkenswerte Bahnkurve von I1 / ʼOumuamua durch unser Sonnensystem. Inzwischen ist das rätselhafte Objekt auf dem Weg in den interstellaren Raum.

«Sind wir allein?» – Das ist die grundlegendste Frage in der Wissenschaft, weil sie unsere Perspektive auf unseren Platz im Universum verändern würde. Und mein Ansatz dazu ist, so viele Daten wie möglich über den Himmel zu sammeln, und dies ohne Vorurteile. Mit aller Zurückhaltung gesagt, glaube ich, dass wir nicht besonders sind. Wir wissen, dass ein Viertel aller Sterne einen Planeten wie die Erde hat, ungefähr so groß und in der richtigen Entfernung, damit flüssiges Wasser an der Oberfläche und die Chemie des Lebens, wie wir sie kennen, entstehen können. Ein Viertel aller Sterne! Und wenn man für ein Viertel aller Sterne so und so oft würfelt …

Milliarden Male.

Ja, Milliarden Male. – Dann ist es sehr wahrscheinlich, dass es primitives Leben gibt, mikrobielles Leben, aber vielleicht auch intelligentes Leben da draußen! Und wir sollten nicht davon ausgehen, dass wir die Antwort vor der Suche danach kennen. Wir sollten aufgeschlossen sein. Ich denke, dass wir nichts Besonderes sind. Ich denke, da wir hier existieren, ist es sehr wahrscheinlich, dass es andere Zivilisationen gibt. Nun fragen Sie vielleicht: Warum haben wir noch keine Signale von ihnen gefunden?

Ja! Weil Sie mit «Breakthrough Listen» versucht haben, Signale vom Objekt zu erhalten, von 'Oumuamua!

Ja, aber auch aus dem Weltall! Warum haben wir noch nichts gehört? Wo sind sie alle, wenn sie existieren?

Eine Möglichkeit ist, dass in Kulturen, die technologisch fortgeschritten sind wie unsere eigene, in kurzer Zeit ein explosiver Prozess stattfindet. Wir wissen, dass er exponentiell ist. Und zwar innerhalb von Jahren. Innerhalb weniger Jahrhunderte hätten Sie die Mittel, sich selbst zu zerstören. Wir haben das schon erreicht! Es ist also durchaus denkbar, dass sie eine kurze Lebensdauer haben.

Eine Möglichkeit, dies herauszufinden, besteht darin, andere Planeten nach Beweisen für ausgestorbene Zivilisationen zu untersuchen. Wir können erkennen, ob ein Planet einen Atomkrieg durchgemacht hat. Ob ein Planet einen Klimawandel erlebt hat. Oder ob es industrielle Schadstoffbelastungen in der Atmosphäre gibt.

Wenn wir Beispiele dafür finden, würde uns das eine wichtige Lektion vermitteln. Es würde uns nämlich dazu auffordern, die Kurve zu kriegen und uns alle miteinander besser zu benehmen, um unseren Planeten zu erhalten, damit wir ein ähnliches Schicksal für uns selbst vermeiden können!

Also denken Sie, wir sind nicht alleine?

Ich denke, schon aus Gründen der Bescheidenheit, es ist am wahrscheinlichsten. Jeder, der sagt, dass wir alleine im Universum sind, zeigt Arroganz, denke ich. Es ist ganz natürlich: Als meine Töchter klein waren, dachten sie, dass sich die ganze Welt um sie dreht, aber als sie älter wurden, reiften sie und erkannten, dass dies nicht der Fall war. Als Zivilisation werden wir denselben Weg gehen. Anfangs dachten wir: Oh, wir sind das Zentrum des physischen Universums. Also dachten wir auch, dass sich die Sonne um die Erde bewegt. Dann wurde uns klar, dass es nicht so ist.

Und dennoch denken viele, auch Wissenschaftler, dass wir im Bezug auf das Leben etwas Besonderes sind, im Zentrum des biologischen Universums einzigartig. Ich glaube das nicht. Ich denke, dass es viele Formen von Leben gibt, wie wir es kennen, Zivilisationen eingeschlossen. Die Frage ist nun, wie wir sie finden können. Und das ist eine praktische Frage. Wir müssen Instrumente entwickeln, mit denen wir Daten erhalten können. Denn Wissenschaft beruht auf Belegen.

Dasselbe gilt für jenes Objekt, und die Art des Objekts wird nicht durch seine Beliebtheit bei Twitter bestimmt. Das ist irrelevant. Es ist, was es ist, und wir brauchen nur Informationen zu sammeln. Wichtig ist zum Beispiel am Beitrag, den wir geschrieben haben: Er wird die Menschen dazu ermutigen, das nächste Objekt, das aus dem interstellaren Raum kommt, mit den besten Teleskopen zu untersuchen, die wir haben. Damit wir alle informationen darüber sammeln und herausfinden können, was seine Natur ist.

Und natürlich müssen 'Oumuamua und Objekte dieser Klasse, auch wenn sie natürlichen Ursprungs sind, in einer Umgebung

hervorgebracht werden, die sich vom Sonnensystem sehr unter-
scheidet. Der Vorgang, darüber zu lernen, ist so ähnlich, als
würde man zum Strand und in die Nähe des Ozeans gehen und
Muscheln betrachten, die an Land gespült werden. Hin und wieder sieht man eine Plastikflasche, von der wir annehmen müssen,
dass sie künstlichen Ursprungs ist. Das Gleiche sollte also hier
gemacht werden. Wir sollten jedes interstellare Objekt betrachten, das in das Sonnensystem eindringt, und prüfen, ob es natürlich oder künstlich ist, und es wird uns etwas Interessantes bei-
bringen!

**Es scheint, als hätten Sie viele Gründe, dass 'Oumuamua eine
Aliensonde sein könnte, aber Sie wollen es nicht sagen, weil
es immer noch ungewöhnlich ist.**

Nein, ich würde sagen, es ist eine Möglichkeit, die man in Betracht
ziehen sollte. Und ich würde es als eine realistische Möglichkeit
neben einem natürlichen Ursprung ansehen.

**Aber Sie haben keine Erklärung für einen natürlichen Ur-
sprung?**

Ich habe keine Erklärung für diesen zusätzlichen Schub. Es gibt
eine gute Maxime von Sherlock Holmes, dem Detektiv, der sagte:
«Wenn man das Unmögliche ausgeschlossen hat, muss das, was
übrigbleibt, die Wahrheit sein, so unwahrscheinlich sie auch klingen mag.»
  Und so sollten wir in der Wissenschaft vorgehen. Wir sollten
keine Vorurteile haben, aber ich glaube nicht, dass wir zu diesem
Gegenstand genügend Informationen haben, um sicher zu sein.
Ich hätte gerne ein Foto, das wäre wunderbar.

Aber war es nicht zu schnell dafür?

Nein, denn wenn man es früh genug erspäht, können Sie es einfangen, wenn es sich uns nähert, und dann ist es leicht zu erreichen. Die Frage ist also, in welchem Teil des Orbits man es erspäht. Jetzt fliegt es von uns weg, und es ist schwierig. Wir können es nicht mit unseren Raketen erreichen. Aber innerhalb von ein oder zwei Jahrzehnten entwickeln wir möglicherweise Technologien, mit denen wir schneller vorankommen können.

Mit dem Warpantrieb zum Beispiel?

Nein, wir müssen uns nur zehnmal schneller bewegen als mit einem chemischen Antrieb. Dann ist es möglich, dass wir dorthin gelangen könnten. Und diesem Objekt können wir eigentlich auch in einem Jahrzehnt noch nachgehen, weil es noch Tausende von Jahren braucht, um durch das Sonnensystem zu reisen.

Mit dem «Breakthrough Starshot Project» planen Sie eine Geschwindigkeit von 20 Prozent der Lichtgeschwindigkeit. Aber dieses Objekt ist langsamer, oder?

Dieses Objekt bewegt sich mit einem Prozent eines Prozents der Lichtgeschwindigkeit. Sehr langsam! So können wir es leicht erfassen. Mit einem Fünftel der Lichtgeschwindigkeit, unserem Ziel mit Starshot, erreichte man Pluto innerhalb weniger Tage. Neuneinhalb Jahre dauerte es, bis die Raumsonde «New Horizons» Pluto erreichte, und das ist ungefähr die Zeit, die auch dieses Objekt braucht, um dorthin zu gelangen. Zehn Jahre oder so. Mit einem Fünftel der Lichtgeschwindigkeit können wir in wenigen Tagen dorthin gelangen. Also nichts leichter als das! Es wäre leicht, dieses Objekt einzuholen, wenn wir die Technologie eines Fünftels der Lichtgeschwindigkeit hätten. Aber wir haben sie noch nicht.

Wenn wir die in den nächsten Jahrzehnten entwickeln, müssen wir uns nicht sehr beeilen, denn sobald wir die haben, können Sie dieses Objekt leicht einholen.

Für eine Sonde in der Art der «Breakthrough Starshot» wäre dieses Objekt damit eine sehr langsame Sonde.

Bestimmt. Nun fragen Sie vielleicht, ob es andere Sonden gibt, die sich sehr schnell bewegen könnten, und die Antwort ist «Ja». Es wäre schwieriger für uns, sie zu bemerken, weil sie vor allem sehr klein sein könnten. Wir planen ja selbst, etwas sehr Kleines loszuschicken. Wenn sie klein sind, reflektieren sie sehr wenig Sonnenlicht. Und sie bewegen sich extrem schnell, sodass sie von Astronomen nicht wahrgenommen werden würden, da Astronomen nicht darauf eingestellt wären, dass sich etwas so schnell über den Himmel bewegen kann und so klein ist. Ich denke, wir würden es verpassen. Es ist also durchaus möglich, dass sich da Raumfahrzeuge bewegen, die wir nicht bemerken.

Ich hoffe also: Wenn wir die Technologie entwickeln, um das Sonnensystem zu verlassen, werden wir beim Verlassen die Meldung «Willkommen im interstellaren Club» erhalten. Es würde viel Verkehr da draußen geben, den wir vorher nicht bemerkt haben. Ich wäre nicht überrascht. Wir neigen zu der Annahme, dass die Beweise für das Leben auf einem Planeten neben einem Stern zu finden wären, aber es ist durchaus möglich, dass die Signale von Raumfahrzeugen, die sich durch den interstellaren Raum bewegen, leichter zu finden sind. Irgendwann werden wir eine Flaschenpost erhalten, während wir das Signal von einer Nachricht suchen. Und vielleicht war 'Oumuamua so eine!

Supervirus

Als ich anfing, dieses Buch zu schreiben, war für viele eine weltweite Pandemie unvorstellbar. Noch im Februar 2020 glaubte niemand in Deutschland an Ausgangssperren oder an Reiseverbote. Selbst Bundesgesundheitsminister Jens Spahn sprach von einer bloßen Grippe. Wenige Wochen später wurde ein dystopisches Szenario in Europa Realität. Tausende Tote in Italien, Spanien, Belgien, Schweden, Frankreich und Großbritannien. Und die Bundesrepublik Deutschland hatte große Mühe, eine Katastrophe abzuwenden.

Experten haben gewarnt

Um sie wenigstens zu bremsen, waren drakonische Maßnahmen nötig, die praktische Abschaffung von Grundrechten für Monate. Das Unvorstellbare wurde Realität, oder besser: Die Realität zeigte, wie unvorstellbar sie sein kann. Es ist so wie oft in diesem Buch: Die Welt ist anders, als wir sie uns vorstellen. Die Realität, wie wir sie uns vorstellen, existiert zum Teil gar nicht, ob im Negativen oder im Positiven.

Krankheiten zum Beispiel sind noch lange nicht besiegt. Eine Pandemie wie durch das Coronavirus ist immer möglich. Hundert Jahre ist es her, dass die Spanische Grippe 1918 ihren Anfang nahm. Die Krankheit forderte damals bis zu 50 Millionen Opfer; manche Quellen gehen noch weit darüber hinaus, sprechen von bis zu 100 Millionen Toten. Es gibt Studien, die vermuten lassen, dass die Spanische Grippe das menschliche Immunsystem überreagieren ließ. Die Abwehrkräfte richteten sich dadurch plötzlich gegen den eigenen Körper und zerstörten so beispielsweise das Lungengewebe. Das würde erklären, warum damals auch so viele junge und robuste Menschen ein leichtes Opfer für die Spanische Grippe wurden.

Seither und vor allem in den letzten Jahrzehnten wurden die Warnungen der Experten und Expertinnen dringender und häufiger, dass eine ähnliche Pandemie wieder auftreten könnte. Zumal in der globalisierten Welt Grenzen und Barrieren weitgehend beseitigt worden sind – und das gilt eben auch für Krankheitserreger. Die Weltgesundheitsorganisation WHO empfiehlt deshalb schon seit 1999, sich darauf vorzubereiten. In Deutschland sind dafür Bund und Länder in der Verantwortung: Gemeinsam mit dem Robert Koch-Institut (RKI) wurden Pläne entwickelt, die im Pandemiefall die Ausbreitung eines neuartigen Virus verzögern sollen. Das wurde jedenfalls vor Corona verbreitet. Ich habe dieses Kapitel zweimal geschrieben, einmal vor Covid-19 und dann, als die Pandemie sich verbreitet hatte. Damals bin ich auch davon ausgegangen, dass die Vorbereitungen bei uns getroffen wurden. Aber weit gefehlt. Als Corona kam, fehlten wegen der Blauäugigkeit des Bundesgesundheitsministers und der offensichtlich dann doch mangelhaften Vorbereitung Schutzkleidung und Atemmasken. Und obwohl klar war, dass Masken gut schützen würden, belog das Robert Koch-Institut die Öffentlichkeit, damit die Masken dem medizinischen Personal nicht weggekauft wurden. Ihre Schutzwirkung sei noch gar nicht erwiesen, hieß es. In Deutschland herrschte trotz der Pläne in dieser Hinsicht erst einmal Chaos.

Unter dem Begriff «Pandemie» versteht man übrigens eine «sich schnell weiter verbreitende, ganze Landstriche, Länder und Kontinente erfassende Krankheit. Sie bleibt also im Gegensatz zur Epidemie nicht regional begrenzt.» (Quelle: Website der Bundesärztekammer, abgerufen am 27.11.2018.) Mögliche

Verursacher sind Viren wie SARS-CoV-2. Sie haben viele Talente. Sie sind wandlungsfähig, tauschen Erbgut aus, erhalten so neue Fähigkeiten und überwinden sogar Artgrenzen. Ein riesiges Gefahrenpotenzial, das die Ausbreitung nahezu unkontrollierbar macht! Und die Erfahrungen der letzten Jahre zeigen: Aggressive und hochansteckende Viren können jederzeit entstehen. Selbst ein harmloses Virus kann innerhalb von kurzer Zeit extrem gefährlich werden. Dazu braucht es nur wenige Mutationen, Veränderungen des Erbguts.

Menschengemachte Gefahr

Spätestens seit den Frettchen-Experimenten von Ron Fouchier und seinem Forschungsteam im Jahr 2012 ist klar, wie schnell ein Erreger zum tödlichen Virus mutieren kann. Fouchier hatte den Vogelgrippe-Erreger gezielt manipuliert. Im Tierversuch reichten tatsächlich fünf Mutationen aus, um aus dem kaum ansteckenden A/H5N1-Erreger ein tödliches Supervirus zu machen. Das bedeutet nicht gleich, dass die Vogelgrippe durch nur fünf Mutationen zu einem Killer-Virus für den Menschen wird. Aber die Möglichkeit besteht. Dem Forschungsteam war es gelungen, ein Grippevirus zu kreieren, das sehr aggressiv und unter Säugetieren übertragbar ist. Ein unheimliches Potenzial! Denn sobald das Virus auf den Menschen überginge, könnte es womöglich in der Lage sein, Millionen von Menschen zu töten.

Man sieht, die Gefahr lauert nicht nur mehr in der Natur selbst, auch wir Menschen sind schon seit längerer Zeit in der Lage, ein tödliches Virus mit Pandemie-Potenzial zu erschaffen – ein Supervirus. Die Forschungsarbeit von Fouchier und Co. wurde damals übrigens erst nach einer langwierigen Diskussion veröffentlicht.

Die Weltgesundheitsorganisation WHO, das Beratergremium der US-Regierung für Biosicherheit und viele Wissenschaftlerinnen und Wissenschaftler hatten die große Sorge, dass Terroristen solch ein Wissen über Influenza-Viren in tödliche Biowaffen umwandeln könnten. Und so erschien die Studie für die Öffentlichkeit mit einem unvollständigen Methodenteil.

Was also wäre, wenn eine Art Supervirus auf der Erde sein Unwesen treibt? Glücklicherweise sind die Lebensbedingungen der Menschen in vielen Teilen der Welt besser als zur Zeit der Spanischen Grippe. Damals forderten auch noch andere Krankheiten wie Tuberkulose in Europa ihren Tribut. Zudem gab es auch noch keine Antibiotika, die man gegen die Lungenentzündungen hätte geben können, die oft mit der Grippe einhergingen. Doch klar ist auch: Heutzutage haben wir mit anderen Herausforderungen zu kämpfen. Die Menschen werden älter und sind durch Grunderkrankungen anfälliger für schwere Krankheitsverläufe. Zudem reisen die Viren mit den zahlreichen Reisenden innerhalb von wenigen Stunden von Land zu Land und innerhalb von wenigen Tagen einmal um die Welt. Und genau das sind ja auch Probleme bei Corona.

Als ich dieses Kapitel zum ersten Mal verfasste, schrieb das Robert Koch-Institut vor allem dem Vogelgrippe-Virus H7N9 in China das Potenzial zu, eine neue Pandemie auslösen zu können. Im Mai 2018 waren knapp 1600 Menschen an ihm erkrankt; zudem gab es rund 600 Todesfälle. Bei sehr engem Kontakt ist eine Übertragung des Virus von Geflügel auf Menschen möglich. Bisher sind allerdings noch keine Mensch-zu-Mensch-Übertragungen vorgekommen. 2017 hatte ein japanisches Forschungsteam offiziell Alarm geschlagen. Denn diese Virus-Variante erfüllt (fast) alle Voraussetzungen für eine Pandemie. Für seine Studie hatte das Forschungsteam aus Tokio Virusproben von einem chinesischen

Patienten, der Anfang 2017 an der Vogelgrippe verstorben war, genauer untersucht. Dabei machten sie gleich drei erschreckende Entdeckungen. Zum einen fanden sie in dieser Probe unterschiedliche Varianten des Erregers. Das Fatale daran: Nicht alle von ihnen sprachen auf die Wirkstoffe an, die die Vermehrung des Virus blockieren. Im Klartext heißt das also, dass einige der Viren bereits gegen gängige Grippemittel resistent sind. Im Detail handelt es sich um sogenannte Neuraminidase-Hemmer, die normalerweise zuverlässig verhindern, dass sich die Erreger vermehren. Zudem stellten die Wissenschaftlerinnen und Wissenschaftler fest, dass es sich bei dem identifizierten Erreger um einen sogenannten hochpathogenen Subtyp des H7N9-Virus handelt. Bei den vorherigen Epidemien waren dagegen niedrigpathogene Viren im Spiel. Kurz zur Erklärung: Der Begriff «pathogen» ist die Zusammensetzung der beiden griechischen Wörter für Leiden (Pathos) und Erzeugen (Gennan). Er dient also vereinfacht gesagt dazu, die Gefährlichkeit des Erregers einzustufen, wie stark er die Erkrankten in Mitleidenschaft zieht. Je höher die Pathogenität, desto schlimmer der Krankheitsverlauf und damit das Risiko zu sterben.

Und auch das dritte Experiment des japanischen Forschungsteams zeigte deutlich, dass wir die Influenza-Erreger keinesfalls unterschätzen dürfen. Denn Versuche im Labor ergaben, dass es dem H7N9-Virus tatsächlich gelingt, sich erfolgreich in menschlichen Zellen der Atemwege zu vermehren! Dies ist die erste Voraussetzung dafür, dass die sogenannte Artenschranke überwunden werden kann. In einem weiteren Test klärten die Forscherinnen und Forscher daraufhin auch die zweite Voraussetzung für die Überwindung der Artenschranke: nämlich, ob die Viren auch unter Säugetieren übertragbar sind. Und tatsächlich: Die mit H7N9 infizierten Frettchen hatten die gesunden Frettchen in den Nachbarkäfigen angesteckt. Und zwar via Tröpfcheninfektion!

Fledermäuse waren der Ausgangspunkt, als SARS auf andere Spezies übersprang.

Wenn sie mit der resistenten Virusvariante infiziert waren, starben die Tiere in den meisten Fällen.

Diese Studie zeigt also, dass es nur noch eine Frage der Zeit sein könnte, bis sich eine besonders gefährliche Virus-Variante entwickelt. «Bis jetzt ist zwar noch keine Übertragung von Mensch zu Mensch dokumentiert worden. Doch offenbar verbreitet sich das H7N9-Virus schon heute zwischen Säugetieren. Passt es sich weiter an, könnten daraus bald Erreger mit Pandemie-Potenzial hervorgehen», warnt einer der beteiligten Forscher, Professor Yoshihiro Kawaoka. Der Worst Case also: eine Erreger-Variante, die sich besonders effektiv in menschlichen Zellen vermehrt, resistent gegen gängige Grippemittel ist und somit ein tödliches Potenzial hat. Deswegen hält man jetzt die Entwicklung des Virus ganz genau unter Beobachtung und arbeitet mit Hochdruck an Medikamenten und Impfstoffen gegen die resistenten Virus-Varianten.

Das zeigt: Es gibt neben SARS-CoV-2 noch eine ganze Reihe weiterer Viren mit dem gleichen Potenzial. Es kann also sein, dass es irgendwann zum Normalfall wird, mit Atemmaske und Abstand zu verkehren, weil immer neue Viren auf uns Menschen übergehen.

Und nicht nur bei der Influenza entstehen durch Mutationen der Viren neue gefährliche Stämme. Auch andere Erreger und Krankheiten haben uns in der vergangenen Zeit heimgesucht und viele Opfer gefordert, beispielsweise SARS oder das Nipah-Virus. Und jedes Mal geschieht es scheinbar aus dem Nichts. Das riesige Problem: Obwohl die Medizin unermüdlich forscht und neue Heilmittel gegen Erreger entwickelt, tauchen immer wieder neue Seuchen auf, gegen die wir nicht ankommen. Eine Sisyphos-Aufgabe also. Ein Beispiel dafür ist das HI-Virus. Seit den 80er Jahren hat es 35 Millionen Menschen das Leben gekostet. Ebenso die schon erwähnte Infektionskrankheit SARS (Schweres akutes respiratorisches Syndrom), die als erste Pandemie des 21. Jahrhunderts gilt. Laut Weltgesundheitsorganisation WHO hat dieser Erreger auf dramatische Art und Weise gezeigt, welche fatalen Folgen eine neu auftretende Infektionskrankheit haben kann.

Genanalysen zeigten, dass das für SARS verantwortliche Coronavirus (denn Corona bezeichnet als Begriff eine ganze Familie von Viren) ursprünglich von Fledermäusen stammte und dann vermutlich über Speichel oder Kot auf wilde Schleichkatzen übergegangen war. Diese wurden in Südchina von Menschen verzehrt, und die Erreger haben es also geschafft, die Artenschranke von diesem Tier zum Menschen zu überwinden. Fachleute bezeichnen solch eine Infektionskrankheit, die plötzlich in neue Regionen vordringt oder nie zuvor beim Menschen aufgetreten war, auch als «Emerging Disease». Das Fatale: Wir Menschen dienen diesem Erreger als neuer Wirt – und sind machtlos dagegen: Es gibt bis heute weder Heilmittel noch eine Impfung gegen SARS-Viren. Nur Quarantäne-Maßnahmen konnten eine Pandemie verhindern. Doch bis dahin hatte das Virus 8000 Menschen befallen – 700 Menschen starben.

Das mag wenig klingen im Vergleich mit SARS-CoV-2, also Covid-19, aber das neue Virus hat uns eindrucksvoll demonstriert, was daraus hätte werden können. Viele solcher Emerging Diseases springen übrigens von Tieren auf uns Menschen über (der Fachbegriff lautet Zoonose). Solche Infektionen passieren beispielsweise bei der Jagd auf Wildtiere und in der Nutztierhaltung. Auch hier sind wir Menschen also oft selbst dafür verantwortlich, dass neue Kontakte zwischen Tieren und Menschen entstehen, indem wir Wälder roden und in zuvor unberührte Regionen eindringen. Wir kommen der Wildnis einfach zu nahe. Das bietet den Erregern dann die Chance zum Überspringen in die menschliche Population. Als Risiko-Tiere gelten vor allem die schon erwähnten Fledermäuse: Nicht nur für die Erreger von SARS, sondern auch für das Ebola-Virus, das Marburg-Virus und das Nipah-Virus dienten Fledermäuse als ursprüngliches Reservoir. Aber auch andere Säugetiere wie Nager beherbergen große Anteile an zoonotischen Viren. Hinzu kommt die Gefahr, dass sogenannte Vektoren, also Zecken, Stechmücken oder andere Blutsauger, solche Zoonosen auf uns Menschen übertragen. Beispiele dafür sind das Zika-Virus und das West-Nil-Virus.

Damit ein Erreger aus dem Tierreich den Sprung zum Menschen schafft, muss er zwei Herausforderungen bestehen. Zum einen muss er in eine menschliche Wirtszelle eindringen. Dies schafft er nur, wenn seine Hülle über passende Proteine verfügt. Genau diese verändern sich jedoch schnell durch nur wenige oder sogar nur eine einzige Mutation. Solch ein Entwicklungssprung ist ja auch den Influenzaviren der Vogelgrippe in Asien gelungen. Ist das Virus erst einmal in die menschliche Zelle eingedrungen, muss es sich dort vermehren, die Zelle quasi in eine Fabrik für neue Viren umwandeln. Dann folgt der zweite Schritt, um zu einer echten Menschen-Seuche zu werden. Es passt sich so weit an, dass es sich nicht nur effektiv in den Zellen vermehren kann, sondern sogar von Mensch zu Mensch übertragen werden kann – beispielsweise durch eine Tröpfcheninfektion. So entstand 1918 wohl auch die Spanische Grippe.

Viren erstaunen Forschungsteams immer wieder aufs Neue. Das verdeutlicht eine Entdeckung, die Wissenschaftlerinnen und Wissenschaftler aus Frankreich im Februar 2018 im Fachmagazin *Nature* veröffentlicht haben. Sie hatten äußerst mysteriöse Riesen-Viren identifiziert, die sogenannten Tupanviren. Diese Viren stellen keine Bedrohung für Menschen dar. Doch überraschenderweise enthält ihr Genom die Bauanleitungen für die Proteinbiosynthese. Und das ist äußerst ungewöhnlich und ein Novum in der Biologie! Denn normalerweise sind Viren ja auf einen Wirt angewiesen, um zu existieren. Sie müssen also fremde Zellen kapern, um sich zu vermehren. In der Biologie gilt ein Organismus nur dann als Lebewesen, wenn er sich selbst vermehren kann. Und genau das wird durch die sogenannte Proteinbiosynthese ermöglicht. Vereinfacht gesagt, werden in den Zellen neue Eiweiße gebildet.

Viren ohne Wirtszellen?

Bisher war klar: Dazu sind höhere Organismen, aber auch Pilze und Bakterien in der Lage. Viren dagegen brauchen Wirtszellen, um sich zu vermehren, da sie selbst weder die Gene noch die Ausstattung besitzen, um Proteine herzustellen. Und so gelten Viren eben auch NICHT als komplette Lebewesen! Bisher ... Doch diese Annahme ist vielleicht schon bald überholt. Denn Forschungsteams haben in den vergangenen Jahren mehrmals auch schon andere neue Viren entdeckt, die sich nicht an dieses Schema halten. Dazu zählen beispielsweise die Riesenviren namens Megavirus, Panoravirus oder Klosneuviren. Allesamt sind sie genauso groß wie Bakterien, und ihr Erbgut ist mit viel mehr Genen ausgestattet, als man es bislang von Viren kannte. Unabdingbare Faktoren für die Prozesse der Proteinbiosynthese und damit ihrer eigenständigen Vermehrung. Eines fehlt ihnen aber, und das sind die sogenannten Ribosomen. Diese zellulären Gebilde treiben die Proteinbiosynthese an, fungieren also als Katalysator.

Wie genau kommen wir an gegen diese Verwandlungskünstler namens Virus? Denn auch in Sachen Impfungen zeigen sie sich ziemlich widerspenstig. Das wird beispielsweise deutlich am Marek-Virus, einem Hühner-Killer. Das Virus hat bereits zwei Generationen von Impfstoffen überwunden. Und das ist kein Einzelfall, sondern ein fataler Trend in der Medizin: Krankheiten, die man eigentlich dachte, besiegt zu haben, tauchen plötzlich wieder auf – und zwar gefährlicher denn je –, und das trotz Impfung. Viren, die eigentlich auf ein Gleichgewicht mit ihrem Wirt angelegt sind, um sich selbst so am besten auszubreiten, werden plötzlich zu gnadenlosen Killern! Denn die Impfstoffe mutieren leider nicht. Sie müssen ständig neu entwickelt werden.

Das Marek-Virus befällt ausgerechnet DIE Zellen, die es beseitigen sollen: die Immunzellen. Das Virus schleust seine DNA in die Zelle ein und vervielfältigt ihr eigenes Genmaterial so oft, bis das Immunsystem des Huhns zusammenbricht. Die aktuellen Erreger sind gefährlicher und aggressiver als diejenigen, die 1907 erstmals beschrieben wurden. Gilt das etwa auch für andere Viren oder Bakterien, die erst durch die Impfungen resistenter werden?

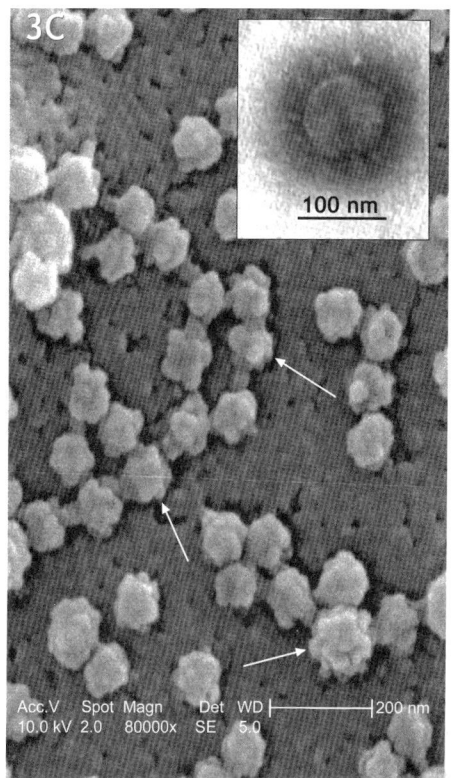

100 nm

Acc.V Spot Magn   Det WD |⎯⎯⎯⎯⎯⎯⎯| 200 nm
10.0 kV 2.0 80000x   SE   5.0

Ein SARS-Virus stark vergrößert unterm Elektronenmikroskop. Man sieht den kronenartigen Mantel.

Gilt das auch für Erreger, die Menschen infizieren? Impffachleute bringt diese Frage derzeit ins Grübeln, denn sie fürchten fatale Folgen. Impfgegner könnten sich darauf beziehen und die Impfraten, die derzeit sowieso auf sehr niedrigem Niveau sind, weiter in den Keller treiben.

Virologen befürchten zudem, dass Impfungen als Motor für die Entwicklungen von Viren dienen könnten. Ein riesiges Problem, das man so bislang nicht im Blick hatte. Denn bisher ging man eben nicht davon aus, dass die Evolution bei Impfungen eine Rolle spielt. Bislang stand bei der Impfstoff-Entwicklung immer der sogenannte Immobilisierungstest im Mittelpunkt der Forschung: Bindet sich der gebildete Antikörper nach der Impfung fest genug an das Oberflächenmolekül des Krankheitserregers und markiert den Eindringling so? Dabei spielte in den Köpfen der Forschungsteams bislang keine Rolle, ob ein Erreger in der Lage ist, dieses Markierungssystem auszutricksen.

Impfstoffe von früher zielten auf Erreger wie Pocken oder Masern, die man eben nur einmal im Leben haben kann. Diese Viren sind wohl nicht spezialisiert darauf, die Immunabwehr von Lebewesen zu umgehen und umso aggressiver zurückzukehren. Hier gilt also weiterhin: Wer diese Krankheiten einmal hatte und überlebt, ist ein Leben lang immun. Genauso wie diejenigen, die geimpft sind. Und damit können die Erreger, wie es bei den Pocken gelungen ist, komplett ausgerottet werden. Bei den Masern ist das bisher nur deshalb nicht gelungen, weil die Impfraten immer noch zu gering sind. Impfgegner bewirken das und sind für weiterhin zahlreiche Tote durch Masern verantwortlich. Doch bei SARS-CoV-2 könnte genau das Impfen zum Problem werden oder jedenfalls ein Wettrennen mit dem Virus auslösen, wie es ihn jedes Jahr bei den Influenza-Viren gibt, gegen die jedes Jahr mit einem neuen Cocktail geimpft werden muss.

Wird der Impfstoff gegen SARS-CoV-2 also auch dauerhaft wirken, wenn er entwickelt worden ist? Oder wird es immer weiter mutieren und vielleicht sogar noch gefährlicher? Letztlich haben wir keine Wahl! Ob es mutiert oder nicht: Nur eine Impfung bietet die Chance, wieder ein normales Leben mit Konzerten, Partys und menschlicher Nähe zu ermöglichen.

Der gedruckte Mensch

Wäre das nicht traumhaft? Meine Niere versagt, und die Heilung dauert nur wenige Tage. Ich muss nicht mehr Wochen, Monate oder Jahre auf ein Spenderorgan warten, sondern bekomme schon nach kurzer Zeit ein Organ implantiert, das aus meinem eigenen Gewebe gedruckt worden ist. Das Immunsystem stößt es nicht ab, denn weil es aus meinen eigenen Zellen hergestellt wurde, passt es perfekt zu meinem Körper. Traumhaft – oder vielleicht eine realistische Zukunftsperspektive?

Organe aus der Retorte

Jedes Jahr stehen in Europa rund 15 000 Menschen auf den Wartelisten für ein Spenderorgan. Knapp ein Drittel von ihnen bekommt es. Der überwiegende Teil muss weiter auf die rettende Organspende warten. Und wenn sie dann ein Spenderorgan erhalten haben, sind die Empfänger ihr Leben lang abhängig von Medikamenten, die die Abstoßungsreaktion ihres Körpers reduzieren. Denn Spenderorgane passen nie hundertprozentig zu dem neuen Körper und werden deshalb von seinem Immunsystem als Fremdkörper erkannt und bekämpft. Und auch ein künstliches Herz kann ein echtes Herz nicht ersetzen. Neben der nötigen Stromversorgung, die ständig Beachtung erfordert, besteht die Gefahr der Bildung von Blutgerinnseln. Das Blut muss mit Medikamenten verflüssigt werden, damit das nicht passiert. Ersatzorgane sind heute in vielen Fällen die einzige Möglichkeit, Menschenleben zu retten. Sie bedeuten für die Transplantierten aber immer eine Hypothek.

Seit fast 20 Jahren wird intensiv darüber geforscht, wie man echte biologische Organe aus den eigenen Zellen der Patienten und Patientinnen drucken kann. Der Begriff «drucken» hat sich eingebürgert, weil das Herstellungsverfahren dem Prinzip eines 3D-Druckers folgt. In diesem Fall heißt er Bioprinter, und er stellt nach verschiedenen Mustern aus vorher gezüchteten Einzelzellen Gewebe her. Noch sind wir nicht so weit, dass komplette Organe wie am Fließband gedruckt werden können, aber die Zukunftsperspektiven sind vielversprechend.

Und tatsächlich ist in dieser Richtung schon einiges passiert. 2019 wurde erstmals ein komplettes Herz aus menschlichem Gewebe mit einem 3D-Drucker hergestellt. «Es ist das erste Mal, dass ein vollständiges Herz mitsamt Zellgewebe, Blutgefäßen und Ventrikeln gedruckt wurde. Momentan ist unser 3D-Herz zwar noch klein, in etwa so groß wie ein Hasenherz. Um ein größeres menschliches Herz herzustellen, bedarf es aber derselben Technologie.»

Das sagt Tal Dvir von der Universität Tel Aviv, der an dem Experiment beteiligt war. Mit Ventrikeln werden die Herzkammern bezeichnet. Der 3D-Druck hat sich im medizinischen Bereich schon als erfolgversprechendes Werkzeug etabliert: Bislang gelang es beispielsweise bereits, Gewebe wie menschliche Haut, Silikonimplantate und sogar künstliche Eierstöcke herzustellen. Das große Ziel der Fachleute: Auch komplizierte Organe wie das menschliche Herz so zu erzeugen, dass es schlagen kann. Denn noch besteht das gedruckte Herz zwar aus lebenden Zellen, ohne aber schon funktionstüchtig zu sein. Die Strukturen sind alle korrekt, doch die Muskeln können sich nicht zusammenziehen. Es kann also nicht schlagen.

Trotzdem ist das ein riesiger Schritt für die Transplantationsmedizin. Am Ende steht, dass die Spender zugleich die Empfänger von Organen sind, die mit Hilfe von Stammzellen aus ihrem eigenen Körper gedruckt werden. Es würde Tausenden Menschen ein neues Leben schenken.

Gedrucktes Gewebe rettet schon jetzt Leben

In den USA wird schon jetzt die Wartezeit von Patientinnen und Patienten, die eine Spenderleber benötigen, überbrückt, indem ihnen zunächst gedrucktes Lebergewebe implantiert wird. Auch das ist bahnbrechend. Menschen, die ohne diese Zwischentransplantation gestorben wären, haben jetzt eine Überlebenschance.

Es gibt nicht ein einziges Druckverfahren, mit dem die Forschung vorangetrieben wird. Es gibt vielmehr zahlreiche Entwicklungen, die das Drucken von Gewebe ermöglichen. Beim Inkjet-Verfahren wird tatsächlich wie mit einem handelsüblichen Tintenstrahldrucker gearbeitet, um Gewebe zu drucken. Bei der thermischen Methode wird Hitze erzeugt, die kleine Luftblasen entstehen lässt, die dann wieder kollabieren und so Druck erzeugen, um menschliche Zellen auszustoßen. Beim piezoelektrischen Verfahren dagegen sorgt eine elektrische Ladung für den Ausstoß der Zellen. Allerdings gibt es je nach Verfahren Nachteile. Beim ersten Verfahren kann die Menge nicht genau dosiert werden, und beim zweiten Verfahren können die Zellmembranen geschädigt werden. Diese beiden Methoden zeigen, wie schwierig es ist, mit lebenden Zellen zu drucken. Am Ende wird sich wahrscheinlich kein bestimmtes Verfahren durchsetzen, sondern je nach Gewebe und Verwendungszweck unterschiedliche Verfahren gewählt werden.

Viel weiter ist man schon beim Druck von Knochen oder Knorpelstrukturen, zum Beispiel dem menschlichen Ohr. Je nach

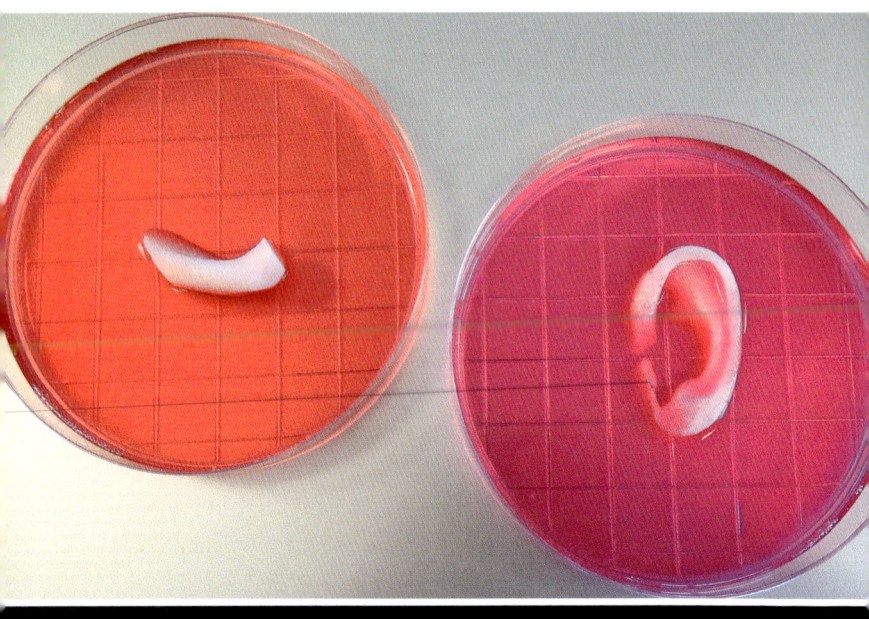

Ein Kieferknochen und ein Ohr aus dem 3D-Drucker des Wake Forest Institute for Regenerative Medicine im US-Bundesstaat North Carolina.

Verfahren kann hier tatsächlich eine dreidimensionale Struktur aufgebaut werden, die dem Original perfekt nachempfunden ist, und diese Struktur wird dann auch vom Körper angenommen. Tatsächlich kann hier wie bei einem handelsüblichen 3D-Drucker Schicht für Schicht gedruckt werden. Wird die Struktur aus Kunststoff gefertigt, ist es fast so wie bei einem 3D-Drucker, den man für zu Hause gekauft.

Aber auch beim Druck mit menschlichen Zellen kann fast so effektiv gearbeitet werden. Dabei macht sich die Technologie ein biologisches Prinzip zu eigen, das im Körper für die Gerinnung von Blut sorgt. Gelartiges Fibrinogen wird in Schichten gedruckt und in einem zweiten Schritt Schicht für Schicht das Blutgerinnungsenzym Thrombin hinzugefügt. Es sorgt dafür, dass das Fibrinogen an exakt den richtigen Stellen aushärtet. So können perfekte Körperstrukturen gedruckt werden, die nicht mehr von einem natürlich gewachsenen Körperteil unterschieden werden können. In der Presse sind immer wieder Bilder von so gedruckten Ohren zu sehen. Und tatsächlich ist es keine Utopie mehr, auch Menschen mit solchen Implantaten zu versehen.

Auch bei weiteren Verfahren kommt die Forschung voran. Mit dem laserunterstützten Biodruck kann biologisches Material sehr exakt positioniert werden. Mit diesem Verfahren können komplexe Strukturen hergestellt werden, bei denen die unterschiedlichsten Zellen an ganz genauen Positionen platziert werden müssen. Zwar sind hierbei keine dreidimensionalen Strukturen druckbar, aber das Gewebe kann sehr hohe Anforderungen erfüllen. So könnten zum Beispiel die Wände von Adern gedruckt werden, die dann zu Blutgefäßen mit frei wählbarem Durchmesser zusammengenäht werden. Die französische Firma Poietes arbeitet daran, mit diesem Verfahren Haarfollikel zu drucken. Zumindest für das ausgedünnte männliche Haupthaar wäre das tatsächlich eine Revolution. Schon am Anfang der Glatzenbildung würde man einfach immer wieder neue Haarfollikel implantieren. Kahle Stellen auf dem Kopf würden so der Vergangenheit angehören.

Und noch ein weiteres Verfahren ist in der Lage, Zellen sehr exakt zu positionieren. Hier wird mit akustischen Wellen gedruckt. Entwickelt wurde es von der Carnegie Mellon University, der Pennsylvania State University und dem MIT. Akustische Wellen werden aus drei Achsen so aufeinandergerechnet, dass an ihrem Treffpunkt Zellen positioniert werden können und eine dreidimensionale Struktur entsteht. Alles in allem sind die Anwendungen des Biodrucks noch relativ eingeschränkt, aber in bestimmten Fällen können die Verfahren schon jetzt in der täglichen Medizin verwendet werden. Die Forschung macht immer schneller immer größere Fortschritte, und es ist absehbar, dass die Implantation von komplett gedruckten Organen schon in naher Zukunft möglich sein wird.

Wie in der Genetik und so oft in der Medizin stellen sich hier ethische Fragen. Was folgt daraus, wenn diese Verfahren immer weiter perfektioniert werden? Wird auch zum Beispiel das ein Weg zum ewigen Leben sein? Oder ein langes Leben nur jenen garantieren, die es sich leisten können? Könnten wir den Körper rund um ein Gehirn immer wieder erneuern? Oder können wir am Ende sogar ein Backup des Gehirns erstellen und immer wieder auf ein neues Organ uploaden? Gibt es vielleicht sogar die Möglichkeit, einen Supermenschen zu drucken? Wo sind die Grenzen? Und werden wir sie einhalten?

Krönung der Schöpfung:

~~Der Mensch~~

Die Künstliche Intelligenz

Nicht wenige Wissenschaftlerinnen und Wissenschaftler vermuten, dass sie eintreten wird: die technologische Singularität. Es ist der Moment, ab dem Technologie, speziell Computer, Quantencomputer und Künstliche Intelligenz (KI), unserer Spezies überlegen sein wird. Auf den Punkt gebracht: Die Künstliche Intelligenz ist die letzte Erfindung der Menschheit. Das ist die These, und sie wird heiß diskutiert.

Wann ist die Maschine ein Mensch?

Die Gegner sagen, dass eine Maschine nie das leisten kann, was ein Mensch leisten kann. Das finge schon bei der Kreativität an. Allerdings sind ja auch hier schon Programme geschrieben worden, die zum Beispiel kreative Bilder erstellen können. Und ehrlich gesagt: Überschätzen wir Menschen uns da nicht maßlos? Ist es vielleicht nicht im Gegenteil so, dass wir intellektuell Maschinen unterlegen sind? Ist es letztlich nicht nur unser eigener beschränkter Horizont, der eine solche Entwicklung für unmöglich hält?

Wie kann es sein, dass eine intelligente Spezies sich immer wieder selbst die Lebensgrundlagen entzieht, indem sie die Ressourcen um sich herum verbraucht? Der Klimawandel ist da ja nicht das erste Ereignis. Menschliche Kulturen gehen immer wieder unter, weil sie ihre Lebensgrundlagen zerstören. Vielleicht sind wir also gar nicht so außergewöhnlich. Und auf der anderen Seite ist Künstliche Intelligenz inzwischen in der Lage, immer wieder außergewöhnliche Dinge zu vollbringen. Der Sieg von AlphaGo über den besten Go-Spieler der Welt war da nur der bescheidene Anfang. Immer wieder berichte ich auf Clixoom über Studien, bei denen ein Algorithmus mit KI riesige Datenmengen durchforstet und so zu vollkommen neuen Erkenntnissen gelangt. Es werden dann in alten Daten vollkommen neue Entdeckungen gemacht. KI macht es möglich. Und hier zeigt sich, dass KI dem Menschen auf einem Gebiet schon heute überlegen ist: Big Data, große Datenmengen. Das menschliche Gehirn kann damit überhaupt nicht oder nur intuitiv umgehen. Es ist uns unmöglich, Millionen oder Milliarden Beobachtungsdaten oder Varianten einer Sache durchzurechnen. Wir können uns nur durch Ausschluss langsam zum Kern vorarbeiten und verlieren auf diesem Weg zahlreiche Informationen. Oder es dauert unfasslich viel Zeit. KI kann immer wieder zahlreiche Kriterien auf das große Ganze anwenden, währenddessen die Gewichtung der Kriterien über die Rückkopplung der gefundenen Ergebnisse verändern und sich so innerhalb kürzester Zeit selbst optimieren. Beim Menschen ist das ein langwieriger Prozess. KI ist bei dieser Aufgabe deutlich schneller.

Und schon heute ist sie sehr erfolgreich. Auf YouTube zum Beispiel ist der auf KI basierende Algorithmus extrem gut darin, ein wirklich interessiertes Publikum für jedes einzelne Video zu finden.

Das sind zwar immer nur singuläre Fähigkeiten, aber genau das ist der nächste Schritt zur technologischen Singularität. Wenn es die erste KI mit verschiedenen Algorithmen für unterschiedliche Aufgaben gibt und die sich gegenseitig optimieren, dann könnte es innerhalb von Monaten oder Wochen eine dramatische Entwicklung geben.

Wie schnell es gehen kann, haben wir vor kurzem bei der Faltung von Proteinen gesehen. In diesem Bereich werden immer neue bahnbrechende Erfolge erzielt. Daniel-Adriano Silva von

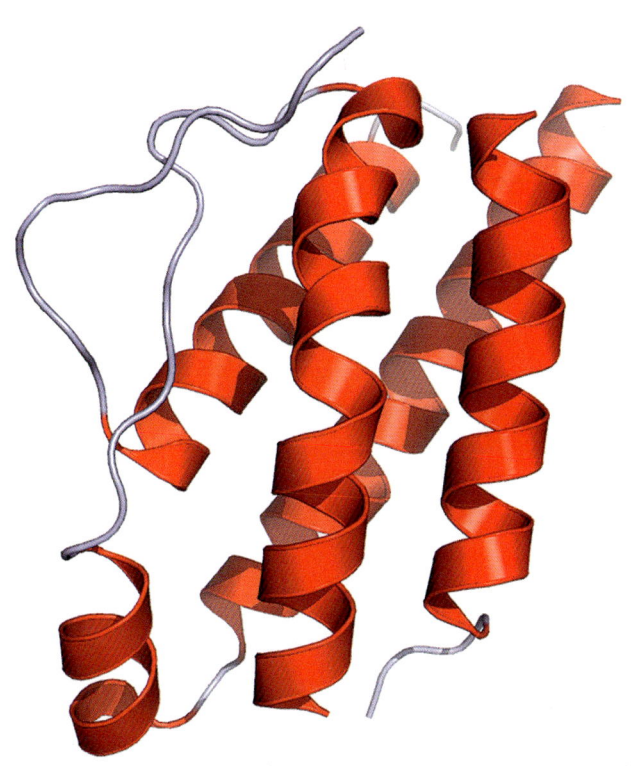

der University of Washington und sein Team haben eine körpereigene Substanz für die Immuntherapie gegen Krebs «weiterentwickelt». Und das ist wahrhaft revolutionär. Es geht um das Protein Interleukin-2, das eigentlich ganz wunderbar gegen bestimmte Krebsarten eingesetzt werden könnte. Eigentlich, denn in größeren Mengen ist Interleukin-2, obwohl körpereigen, giftig. Das Forschungsteam hat aber etwas Spektakuläres unternommen: Es hat den Stoff weiterentwickelt – und das per Computer.

Wirklich unglaublich: Die Wissenschaftler haben mit der Software «Rosetta» das Protein Zug um Zug variiert und verbessert und das Ergebnis dann in der Realität nachgebaut. So wurde Interleukin-2 immer weiter optimiert und schließlich so umgebaut, dass es kaum noch aussah wie das Original. Es war zudem weniger schädlich und stabiler als das ursprüngliche Protein. Bei Mäusen lassen sich damit bereits Darm- und Hautkrebs erfolgreich behandeln.

Damit wird offenbar: DNA-Sequenzen sind Daten. Mit denen kann man rechnen. Ein Computer hat das jetzt mit überragendem Erfolg getan. Und während die Kapazität von Rosetta noch ziemlich schwach ist, gibt es bereits einen Wettbewerber, der fast die zehnfache Leistung bringt.

Proteine aus dem Rechner

Rosetta ist nämlich eine Software, die beim CASP13-Wettbewerb eingesetzt worden ist. Hierbei geht es darum, aus DNA-Sequenzen als Ausgangspunkt Proteine zu errechnen, die aus diesen Sequenzen entstehen. Wie viele von 40 Proteinen werden korrekt berechnet? Darum geht es bei dem Wettbewerb. Wie sehen sie nachher aus? Wie sind sie gefaltet? Das ist in der Medizin entscheidend. Je nachdem, wie sie aussehen, sprich gefaltet sind, können sie Gutes und Nützliches tun oder auch schlimme Krankheiten wie Alzheimer, Parkinson oder BSE hervorrufen. Bei BSE sind es zum Beispiel Prionen, atypisch gefaltete Proteine. Sie lösen mit dem Creutzfeldt-Jakob-Syndrom eine schwere Krankheit aus, die das Gehirn zerstört und schließlich zum Tod führt.

Falten ist genau das richtige Bild für den Aufbau von Proteinen. Es ist ein bisschen wie Origami, nur dass es nicht um ein paar Dutzend Faltungen geht, sondern um so viele Faltungen, die man brauchen würde, um ein Tier vollständig und lebendig für das richtige Leben zu entwickeln. Also eine nicht ganz so leichte Aufgabe. Kein Wunder, dass der Zweitplatzierte nur drei der 40 verlangten Proteine korrekt gefaltet hatte. Das war Rosetta.

Gewonnen hat das Team der Google-Tochter Deepmind. Es hatte ja bereits mit AlphaGo gezeigt, dass es Bahnbrechendes leisten kann, dem besten Go-Spieler der Welt. Für den Faltwettbewerb wurde Alphafold entwickelt (falten heißt auf Englisch fold). Und Alphafold hat 25 der 40 Proteine korrekt gefaltet. Mehr als die Hälfte, fast die zehnfache Menge des Zweitplatzierten. Dieses Ergebnis wird die Medizin revolutionieren. Es zeigt wirklich weitreichende Perspektiven auf. Wenn diese Maschine in der Forschung eingesetzt wird, dann werden solche Fortschritte alltäglich. Die Menschheit wird einen Riesenschritt in der Krebstherapie machen und in der Behandlung von vielen weiteren Krankheiten.

Quantencomputer –
Rechnen in der Superposition

In einer Kurzgeschichte von Stanislaw Lem, dem Jules Verne des 20. Jahrhunderts, versucht ein Forschungsteam, mit einem absolut überlegenen Supercomputer dem Rätsel des Humors auf die Spur zu kommen. Warum reagieren Menschen auf diese besondere Weise auf bestimmte Geschichten? Woher kommt dieses Phänomen, das Lachen? Der Verdacht: Es handelt sich um ein psychologisches Experiment, das eine fremde Spezies mit der Menschheit macht. Ein Wissenschaftler füttert den Computer mit immer mehr Witzen, von denen er glaubt, dass die fremde Spezies sie verbreitet hat. Und tatsächlich: Irgendwann spuckt der Computer das Ergebnis aus, dass alles nur ein großes Experiment ist. Ab diesem Moment vergeht dem Wissenschaftler das Lachen, weil das Geheimnis gelüftet ist. Er ist mit einem überlegenen Computer einem verborgenen Rätsel auf die Spur gekommen, das nur mit einer solchen Maschine zu lösen war.

Die Lösung komplexer Probleme

Und diese Maschine gibt es bereits: den Quantencomputer. Noch macht er Fehler, aber er ist auf dem Vormarsch. Und er wird Probleme lösen können, die heute noch unlösbar sind.

Es war die Sensation im Januar 2019: IBM beginnt damit, den ersten Quantencomputer auf dem freien Markt anzubieten: den IBM Q System One. Einen Quantencomputer mit 20 Qbits, die Abkürzung für Quantenbits. Damit bricht ein neues Zeitalter an. Bis 2019 konnte man sich schon über das Web auf IBM-Quantencomputern einloggen und Rechenzeiten mieten. Wer mit einem Quantencomputer arbeiten will, muss sich allerdings mit den APIs, also den Application Programming Interfaces, beschäftigen, den Programmierschnittstellen, die von IBM bereitgestellt werden.

Denn damit Quantencomputer ihre besondere Fähigkeit, das extraschnelle Rechnen, entfalten können, funktioniert der Datentransfer über verschränkte Teilchen, die alles gleichzeitig machen können, weil die Quantenbits sich in einer Superposition befinden. Diese Qbits können aus den unterschiedlichsten Teilchen bestehen, zum Beispiel Ionen in einer Ionenfalle. Und diese nehmen nicht wie Bits den Zustand null oder eins an, also an und aus, sondern befinden sich in beiden Positionen und noch anderen mehr. Superposition bedeutet also, dass sie sich in allen möglichen Zuständen gleichzeitig befinden.

In einem Gedankenexperiment des Physikers Ernst Schrödinger, in dem eine Katze die Hauptrolle spielt, ist das sehr gut beschrieben. Schrödingers Katze befindet sich in einem Kasten. Darin ist ein radioaktives Teilchen, daneben ein Geigerzähler. Er misst den Zerfall des Teilchens. Zerfällt es, löst der Geigerzähler einen Mechanismus aus, der ein Gift freisetzt, das die Katze tötet. Allerdings befindet sich dieses Teilchen in der Superposition. Es hat alle Eigenschaften zwischen Zerfall und Nicht-Zerfall. Das heißt, dass die Katze so lange tot und lebendig zugleich ist, bis der Zustand des Teilchens gemessen, sprich: der Kasten geöffnet wird.

Die Überlagerung dieser Zustände ist selbst ein eigener Zustand. Und das betrifft alle möglichen Quanteneigenschaften, wie zum Beispiel den Spin, also die Drehrichtung um die eigene Achse. Der kann rechts- oder linksherum laufen und bei Quanten in der Superposition auch alle Werte dazwischen einnehmen. Deshalb rechnen Quanten nicht $1 + 2 = 3$, sondern $x + y = z$ mit allen möglichen Ergebnissen.

Q System One, der futuristisch aussehende Quantencomputer von IBM.

IBM rechnet beim Quantencomputer mit Fortschritten bei der Lösung vieler komplexer Probleme: in der Medikamentenforschung, für Berechnungen in der Logistik, der Finanzwirtschaft, bei Künstlicher Intelligenz oder Datensicherheit. «Das IBM Q System One ist ein wichtiger Schritt in Richtung Kommerzialisierung des Quantencomputers. Dieses neue System ist entscheidend für die Erweiterung des Quantencomputers über die Grenzen des Forschungslabors hinaus, während wir an der Entwicklung praktischer Quantenanwendungen für Wirtschaft und Wissenschaft arbeiten.» So Arvind Krishna, Senior Vice President von Hybrid Cloud und Direktor von IBM Research.

Und noch einen Meilenstein erreichte das Quantencomputing 2019: Zum ersten Mal hat ein Quantencomputer eine Rechenaufgabe mit offensichtlich geringer Fehlerquote gelöst, für die ein aktueller Supercomputer rund 1,6 Milliarden Mal länger rechnen müsste: Drei Minuten und 20 Sekunden statt 10 000 Jahre benötigte ein Google-Quantencomputer für eine spezifische Aufgabe. Der Google-Quantencomputer hat 53 Qbits. Damit kann er knapp 1,6 Billiarden Zustände gleichzeitig annehmen. Ein wahrer Quantensprung im Quantencomputing.

Wir stehen vor einem neuen Zeitalter der Informationstechnologie. Das Verrückte an dieser Technologie ist, dass hier tatsächlich mit Zuständen von Teilchen gearbeitet werden kann, die sich unserer Alltagserfahrung komplett entziehen. Und dennoch werden sie dazu genutzt, relevante Berechnungen für unsere Alltagswelt anzustellen.

Abhörsicher durch gebeamte Teilchen

Quantencomputer sind nur ein Aspekt dieser neuen Entwicklung. Ein anderer ist das Beamen von Teilchen zum Zwecke einer Informationsübertragung, die absolut abhörsichere Verbindungen ermöglicht. Und eine solche Verbindung ist jetzt auch über das Weltall gelungen. Das heißt: Wie bei Raumschiff Enterprise ist zumindest ein Teilchen von der Erde in den Weltraum und wieder zurück gebeamt worden. 2012 ist dem Wiener «Beam»-Professor Anton Zeilinger zum ersten Mal das Beamen über eine Distanz von 143 Kilometern gelungen. Er teleportierte den Quantenzustand eines Lichtteilchens, eines Photons, zwischen den kanarischen Inseln La Palma und Teneriffa. Schon damals sagte er voraus, dass damit die Möglichkeit der Teleportation von Informationen zu Satelliten bewiesen ist.

Was hat Zeilinger gemacht? – Nichts anderes, als die von Albert Einstein so bezeichnete «spukhafte Verschränkung» von Teilchen zu nutzen. Es ist nämlich möglich, zwei Teilchen zu erzeugen, die exakt denselben Quantenzustand haben, dieselbe Wellenfunktion. Diese Teilchen sind verschränkt, wenn man sie jetzt trennt, bleiben sie dennoch miteinander verbunden. Ihre Zustände ändern sich synchron, egal, wie weit sie voneinander entfernt sind.

In Zeilingers Experiment wurde ein Photon auf La Palma behalten und das andere nach Teneriffa geschickt. Beide Lichtteilchen waren miteinander verschränkt. Dann hat er das verbleibende Photon mit einem weiteren Photon mit einer anderen Wellenfunktion verschränkt, sodass sich dessen Wellenfunktion änderte. Dasselbe passierte im selben Moment mit dem Lichtteilchen auf der anderen Insel.

Allerdings gibt es noch ein Problem: Teilchen gingen bei großen Entfernungen verloren, wurden absorbiert, oder die Übertragung wurde anderweitig gestört. Deswegen ist die Teleportation von Quantenzuständen hier auf der Erde über große Distanzen schwierig. Luftbewegungen, Wasserdampf, Rauch, Partikel zum Beispiel machen sie bei größeren Distanzen unmöglich. Anders ist das aber bei Satelliten. Im Weltall gibt es keine Luft. Es herrscht ein Vakuum.

Das haben sich chinesische Wissenschaftlerinnen und Wissenschaftler zunutze gemacht. Sie schickten den Satelliten Micius

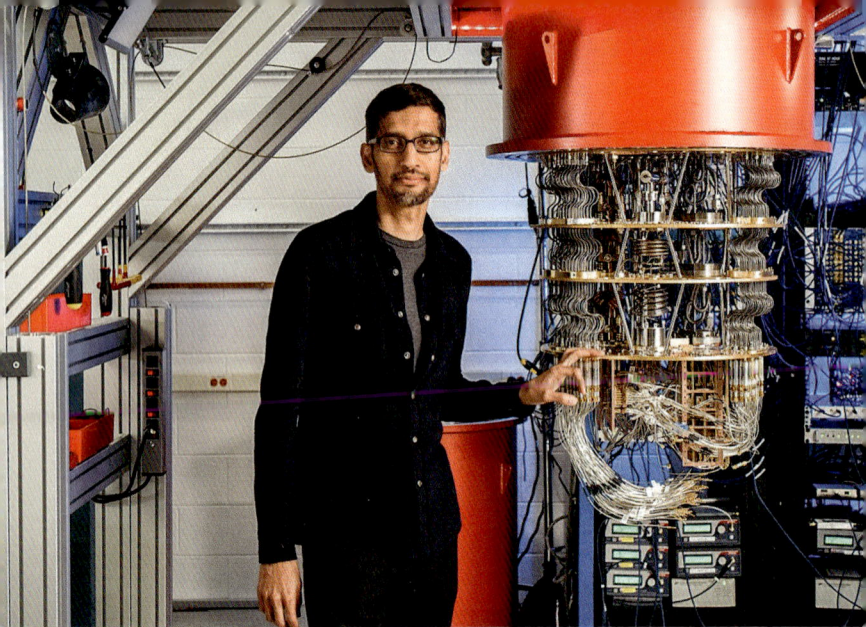

Ein Quantencomputer von Google in Santa Barbara mit CEO Sundar Pichai.

vom Satelliten-Startzentrum Jiuquan in der Wüste Gobi mit einer Rakete vom Typ Langer Marsch 2D in eine sonnensynchrone Umlaufbahn auf der Nachtseite der Erde. Der Satellit passierte so die Bodenstation in Tibet jeden Tag zum dunkelsten Zeitpunkt, um Mitternacht – ideal für Kommunikation mit Licht. Innerhalb von 32 Tagen schickten die Forscher und Forscherinnen jede Nacht 4000 verschränkte Photonen zum Satelliten. Die kürzeste Distanz zwischen dem Satelliten und der Bodenstation war dabei 500 Kilometer und die längste 1400 Kilometer. Und sogar bei der längsten Entfernung klappte die Teleportation. 911-mal gab es positive Ergebnisse. Die Teleportation war gelungen. Stolz heißt es: «Wir melden die erste Quanten-Teleportation von unabhängigen Einzelphoton-Qbits von einer Bodenstation zu einem Satelliten in einer niedrigen Erdumlaufbahn – über einen Uplink-Kanal – mit einer Entfernung von bis zu 1400 Kilometern.»

Der Vorteil einer solchen Kommunikation ist ihre absolute Abhörsicherheit. Wird der Zustand eines Teilchens gemessen, wird es dadurch verändert. Das heißt, es ist unmöglich, irgendwelche Informationen abzufangen, ohne sie dabei zu verändern. Der eigentliche Empfänger merkt das sofort, wenn in der Hardware keine Fehler vorliegen. Die Chinesen wenden das Verfahren schon in der Praxis an. Seit dem 18. Kongress der Kommunistischen Partei Chinas Ende 2012 erfahren die westlichen Geheimdienste nichts mehr darüber, was bei den Parteikongressen im Geheimen besprochen oder entschieden wurde. Nichts dringt nach außen. Die Chinesen hatten ein Quantennetzwerk installiert und die Kommunikation über eine Leitung verschränkt. Sie war absolut abhörsicher.

Aber was passiert mit der Information, wenn sie durch einen Lauschangriff gestört wird? Dann bricht sie zusammen, und der Lauschangriff wird identifiziert. Weil in dem Moment ja die Superposition durch den Lauschangriff beendet wird.

Glücklich durch Drogen!

Wir Menschen sind in der Lage, über uns selbst hinauszuwachsen. Manchmal muss man das scheinbar Unmögliche wagen und mit Geduld dranbleiben und es umsetzen. Ein paarmal war ich Teil solcher Projekte und selbst verblüfft, wie sich plötzlich die Medienlandschaft veränderte oder ein Mega-Ereignis wie die VideoDays Realität werden konnte. Ich bin davon überzeugt, dass allein Vorstellungskraft und Leidenschaft Berge versetzen können. Und dafür braucht man keine Drogen. Oder vielleicht setzt man ja dafür körpereigene «Drogen» frei? Vielleicht braucht man ja auf diese Weise gar keine Drogen? Bei mir wirken sie auf jeden Fall gar nicht.

Aber für viele Menschen gilt: Höchstleistungen um jeden Preis. Schneller. Länger. Weiter. Besser. Extremer. Und das nicht nur im beruflichen, sondern auch im Privatleben, egal, ob beim Sport, Chillen, beim Sex oder beim Feiern. Für viele scheint das ganze Leben nur noch mit dem Konsum von Drogen zu funktionieren. Tolle Stimmung, Grenzen überschreiten und bloß keine Langeweile aufkommen lassen. Drogen können entspannen, aufputschen, Glücksgefühle produzieren, traurig machen, emotionale Nähe ermöglichen und ein Zusammengehörigkeitsgefühl schaffen. Aber sie können auch die Realität verzerren, Abhängigkeit schaffen, Entzugserscheinungen verursachen und im schlimmsten Fall sogar zu Schlaganfällen, Gedächtnisverlust und auch zum Tod führen.

Kokain beispielsweise schädigt das Gehirn, indem es die Gehirnzellen dazu bringt, sich selbst zu verdauen. Ein US-Forschungsteam aus Baltimore hat 2016 in einem Tierversuch gezeigt, dass die Nervenzellen unter Einfluss von Kokain ihre zelleigene

Löschpapier-Bogen mit aufgeträufeltem LSD auf rosa Elefanten. «Pink Elephant» ist im Englischen der klassische Begriff für Halluzinationen bei einem LSD- oder auch alkoholischen Rausch.

Müllabfuhr so krass hochfahren, dass dadurch eben auch Zellbestandteile entsorgt werden, die lebenswichtig sind. Auch bei Menschen macht diese Droge nicht nur süchtig, sie verändert und schädigt das Gehirn auch langfristig. Die Konsumenten von Kokain haben nicht nur ein fünffach erhöhtes Risiko für Schlaganfälle, ihr Gehirn altert auch vorzeitig.

«Sucht ist kein Randphänomen»

Drogen zu konsumieren gehört in unserer «Leistungsgesellschaft» längst zur Normalität. In Berlin gibt es Partys, auf denen nicht nur Alkohol in allen möglichen Farben und Konzentrationen angeboten wird, sondern auf Tischen auch alle möglichen Drogen zur Auswahl stehen. Das ist erschreckend. Und so heißt es im «Drogen- und Suchtbericht» der Bundesregierung von 2018: «Sucht ist kein Randphänomen der Gesellschaft, sondern betrifft viele Menschen. [...] Abhängigkeitserkrankungen sind schwere chronische Krankheiten, die zu erheblichen gesundheitlichen Beeinträchtigungen und vorzeitiger Sterblichkeit führen können. Der Sucht liegt meist ein komplexes Geflecht aus individuellen Vorbelastungen, bestimmten Lebensumständen, Erfahrungen im Umgang mit anderen Menschen, Störungen im emotionalen Gleichgewicht, dem Einfluss wichtiger Bezugspersonen und der Verfügbarkeit von Suchtstoffen zugrunde.»

Auch oder vor allem diejenigen Drogen, die als legal eingestuft werden, sind in ihrer Gefährlichkeit nicht zu unterschätzen. Nur weil Zigaretten und Alkohol frei auf dem Markt verfügbar sind, heißt das noch lange nicht, dass wir unserem Körper damit etwas Gutes tun. Die Weltgesundheitsorganisation WHO hat 2018 einen Bericht veröffentlicht, der die fatalen Folgen des Alkoholkonsums auf den Punkt bringt. Drei Millionen Menschen sterben jährlich weltweit dadurch – und das sind mehr Opfer als durch Gewalt, Verkehrsunfälle und Aids zusammen.

Vor allem junge Leute machen ihre ersten Drogenerfahrungen heutzutage mit den sogenannten synthetischen Drogen. Das sind psychoaktive Substanzen, die im Labor hergestellt werden. Beispiele hierfür sind Speed (Amphetamin), Ecstasy (MDMA) oder LSD (Lysergsäurediethylamid). Oft werden diese Drogen auch als

Designerdrogen oder Legal Highs bezeichnet. Sie unterscheiden sich in ihrer chemischen Struktur nur minimal von bekannten Drogen-Wirkstoffen und werden so am Anfang ihres Auftretens von der Drogengesetzgebung fatalerweise nicht erfasst. Angeboten zum Beispiel als Badesalze oder Kräutermischung, wird ihr eigentlicher Verwendungszweck verschleiert.

Verschleierte Designerdrogen: gefährlich!

Erst wenn dann erkannt wird, dass diese neuen Drogen gefährlich sind, werden sie in Deutschland in das Betäubungsmittelgesetz aufgenommen. Das bedeutet, dass ihre Herstellung und der Handel mit ihnen verboten ist. Durch eine minimale Veränderung der chemischen Struktur ist es dann aber wieder möglich, eine neue synthetische Droge herzustellen. So sind zahlreiche psychoaktive Wirkstoffe gesetzlich (noch) nicht erfasst – eine vorübergehende Gesetzeslücke, die ausgenutzt wird. Ein Teufelskreis. Denn so hinkt die Gesetzgebung immer einen Schritt hinterher. Neue Substanzen tauchen superschnell auf dem Markt auf und werden dort verkauft. Und es fehlt an Informationen über ihre Schädlichkeit und Wirkung. Daraus resultiert die mehr als ernüchternde Erkenntnis: Erst durch den Konsum einer neuen Droge lassen sich ihre gefährlichen Wirkungen einschätzen. Und erst wenn es für viele vielleicht schon zu spät ist, greift dann das Gesetz!

Ein Ansatz ist es daher, legale Drogen zu entwickeln, die möglichst wenig Schaden anrichten. Um quasi einen Rausch mit weniger Risiko möglich zu machen. Vorstellbar ist diese Idee tatsächlich als eine Art Zukunftsmodell in Sachen Drogenpolitik. Eine solche Drogenpolitik wird in Neuseeland betrieben. Da gibt es tatsächlich Forschungsteams, die neue psychoaktive Substanzen entwickeln, um gesundheitliche Schadensbegrenzung zu betreiben. Lizenzierten Herstellern ist es erlaubt, neue Substanzen als psychoaktive Genussmittel herzustellen. Zunächst muss wissenschaftlich nachgewiesen werden, dass das Risiko und die Gefahren dieser neuen Substanzen nicht besonders hoch ist und diese gut zu kontrollieren sind. Dann dürfen sie an die Verbraucher verkauft werden. Die Idee dahinter: den Schaden, den illegale und legale Drogen anrichten, begrenzen und deren Markt zerstören. Aber auch dieser Prozess gibt natürlich keine hundertprozentige Garantie, dass das Ganze ohne Nebenwirkungen abläuft.

Ganz im Gegensatz zu unseren körpereigenen Drogen im Übrigen. Denn ja, der menschliche Körper ist die reinste Drogen-Fabrik. Und seine Produkte haben richtig was drauf: Sie können glücklich machen, Ängste auflösen, miese Stimmung und Schmerzen vertreiben. Endorphine beispielsweise pushen nicht die Laune, sondern machen auch Lust auf Abenteuer – eine Droge, die unser Körper bei Bedarf produziert und ausschüttet. Hergestellt werden Endorphine im Gehirn, unter anderem im Hypothalamus und in der Hypophyse. Sie bestehen aus einer Aneinanderreihung von Aminosäuren; es handelt sich um kurzkettige Peptide und deswegen werden sie auch als Opioidpeptide bezeichnet. Die beiden Silben, aus denen sich der Begriff «Endorphin» zusammensetzt, verraten schon einiges über die Substanz. Denn sie ähnelt sehr dem Mor**phin**, einem starken Schmerzmittel, und wird innen («**endo**»), also im Körper selbst, hergestellt. Kurz: Unser Körper hat die Fähigkeit, sein eigenes Opiat zu produzieren.

Der Körper stellt uns Endorphine auch zur Verfügung, wenn wir in eine Notsituation geraten und uns beispielsweise verletzen. Oft ist es dann im ersten Moment ja so, dass man keine Schmerzen spürt, obwohl das Blut beispielsweise nur so aus dem Finger tropft. Endorphine sind die besten Schmerzmittel überhaupt.

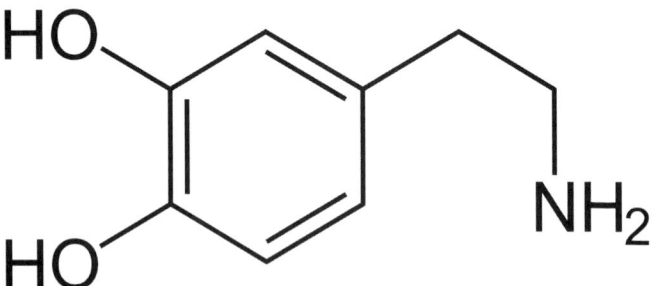

Klare Struktur, große Wirkung: die chemische Formel des Botenstoffs Dopamin, des Hormons, das in unserem Gehirn die Glücksgefühle anregt.

Dabei docken sie als Neurotransmitter an die gleichen Rezeptoren wie die Opiate. Dadurch wird die Aktivität der Neuronen verringert, die den Schmerz übertragen. Die Schmerz-Meldung ans Gehirn wird damit also begrenzt. Aber auch hinsichtlich unseres inneren Belohnungssystems spielen Endorphine eine große Rolle. Auch wenn es wissenschaftlich noch nicht ganz belegt ist, sorgen Endorphine höchstwahrscheinlich dafür, dass das sogenannte Glückshormon Dopamin aktiviert wird. Zudem sind sie wohl weiterhin dafür verantwortlich, die beiden Neurotransmitter Serotonin und Dopamin im Gleichgewicht zu halten.

Alle diese Botenstoffe werden umgangssprachlich auch als «Glückshormone» bezeichnet. Und weil sie ähnliche Wirkungen wie Drogen haben, die wir dem Körper von außen zuführen, werden diese biochemischen Botenstoffe eben auch als körpereigene Drogen bezeichnet.

Die Drogenfabrik in unserem Körper

Zu den sogenannten Glückshormonen zählen neben den Endorphinen außerdem die Botenstoffe Serotonin, Dopamin, Noradrenalin, Phenethylamin und Oxytocin. Sie alle übernehmen entscheidende Aufgaben im Körper. Oxytocin wird manchmal auch als Geburtshormon oder als Bindungshormon bezeichnet. Denn es löst Wehen aus, wirkt entspannend und begünstigt Vertrauen und Bindung. Genau Bescheid weiß die Wissenschaft bereits über das Dopamin, Serotonin und Noradrenalin. Letzteres wirkt als Neurotransmitter ähnlich wie Adrenalin. Beide sorgen dafür, dass wir auch in Extremsituationen handlungsfähig bleiben, denn beide senken zum einen die Herzfrequenz und steigern dabei zum anderen gleichzeitig den Blutdruck. Als eines der wichtigsten Glückshormone gilt Serotonin. Es stellt unseren Schlaf-Wach-Rhythmus ein, stimuliert unsere Großhirnrinde, reguliert damit unsere Emotionen und hemmt nicht nur Schmerzen, sondern auch unseren Appetit.

Man sieht: Jedes einzelne Glückshormon hat sein eigenes, ganz spezielles Talent, und das untermauert die folgende Theorie gewaltig: Jedes einzelne Glückshormon ist wichtiger Teil eines hochkomplexen Zusammenspiels. Forschungsteams weltweit sind diesem Zusammenhang auf der Spur. Spannend ist beides, die weitere Erforschung der Wirkungsweisen einzelner Glückshormone und ihres hochkomplexen Zusammenspiels mit anderen. Die Wissenschaft hat das Ziel, die Vorgänge im Körper vollständig zu verstehen.

Und hier sind noch einige Lücken zu schließen. Wie Endorphine beispielsweise dazu beitragen, Schmerz zu unterdrücken, ist biochemisch ziemlich gut nachvollziehbar. Ein Rätsel dagegen bleibt weiterhin, wie Endorphine es in unserem Körper hinbekommen, euphorische Gefühle zu schaffen! Möglich ist dies bereits durch reines Vorstellungsvermögen. Beispielsweise beim Marathon: Der Körper des Läufers ist eigentlich am Ende, doch durch sein Vorstellungsvermögen werden Endorphine ausgeschüttet. Die Schmerzen werden weniger, und der Läufer spürt eine gewisse Euphorie. Und das allein aus dem Grund, weil der Marathonläufer sich vorstellt, wie schön es sein wird, durch die Ziellinie zu laufen und dieses Erfolgserlebnis für sich zu verbuchen. WOW!

Durch ein besseres Verständnis der biochemischen Vorgänge könnte es der medizinischen Wissenschaft gelingen, bestimmte Krankheiten besser zu behandeln. Beispielsweise stehen Endorphine bei der Anorexie oder der Borderline-Persönlichkeitsstörung im Fokus, denn es gibt Hinweise darauf, dass ihre Ausschüttung und Wirksamkeit bei diesen Krankheitsbildern vermindert ist. Veränderungen im Dopaminspiegel oder eine mangelhafte Funktion des Neurotransmitters sind verknüpft mit Krankheiten wie Parkinson, Depressionen oder Suchterkrankungen. Dann nämlich ist das hirneigene Belohnungssystem gestört.

Eines muss noch festgehalten werden: Beim Thema «Glückshormone» gilt die Regel «Viel hilft viel» nicht. Wer denkt, dass übermäßig viele Glückshormone auch übermäßig glücklich machen, liegt falsch. Im Gegenteil: Glückshormone können fatale Auswirkungen haben, wenn sie überdosiert werden. Dopamin beispielsweise wird mit Schizophrenie in Verbindung gebracht. Denn ein sehr hoher Dopamin-Spiegel löst bei gesunden Menschen schizophrenieähnliche Symptome aus. Sowohl bei (il-)legalen Drogen, die wir unserem Körper von außen zuführen, als auch bei unseren körpereigenen Drogen geht es letztlich nur um eines: das Glücksgefühl. Glück selbst und auch das Streben danach ist der Haupt-Motivator für menschliches Verhalten.

In der Forschung werden, vereinfacht gesagt, zwei Formen von

Glück unterschieden: das kurzfristige Glückserleben, beispielsweise wenn man den Bus doch nicht verpasst, und die langfristige Haltung eines Menschen, die etwas mit seinen Eigenschaften und auch seiner Veranlagung zu tun hat. Jeder Mensch hat eine gewisse genetische Disposition dafür, eher glücklich oder eher unglücklich zu sein.

Glücklich ohne Drogen

Doch wir können unser Glück auch selbst beeinflussen. Zahlreiche Studien zeigen, dass Menschen etwas tun können, um glücklich zu sein – die eigene Einstellung und bestimmte Verhaltensweisen fördern Glücksgefühle nämlich gewaltig. Bestimmte Faktoren können zu langfristigem Glück verhelfen, beispielsweise stabile soziale Beziehungen. Allemal schöner, als sich mit chemischen Drogen vollzupumpen! Am Ende gibt es aber keinerlei Glücksgefühl ohne Neurotransmitter wie Dopamin und Co. Ohne sie sind positive Gefühle, ist Glück unmöglich. Dies in Zukunft von Grund auf zu verstehen, messbar zu machen und vielleicht sogar eine Art Glücksformel zu finden, wäre mehr als nur Glück.

Und vielleicht erklärt das ja meine Immunität gegenüber Drogen. Vielleicht bin ich ja so mit körpereigenen Drogen vollgepumpt, dass die Drogen von außen einfach nicht andocken können. Das Rezept wäre dann ganz einfach: Lebe dein Leben, gestalte es aktiv und nehme Chancen wahr. Dann stellst du deine eigenen Drogen her.

Für immer jung?

Graue Haare, Falten im Gesicht und elendige Krankheiten – das sind die unschönen Begleiterscheinungen des Älterwerdens. Ganz klar eine Sache für die Wissenschaft! Das Ziel: die Ursachen des Alterns zu identifizieren, um sie dann zu stoppen oder wenigstens zu verlangsamen. Eine Pille gegen das Altern oder gleich gegen den Tod wäre ja was.

Forschung für ein langes Leben

Aber erfunden hat das noch niemand. Brauchen wir dafür einfach intensive Forschung, viel Geld und Geduld? Oder sind das total verrückte Gedanken, und wir sollten uns besser mit dem bislang Erreichten zufriedengeben?! Schließlich hat sich unsere Lebenserwartung allein im letzten Jahrhundert verdoppelt! Heißt das vielleicht, dass die Lebenszeit unendlich dehnbar ist, dass es keine genetische Obergrenze des Alterns gibt?

Die Visionen der Wissenschaft zu diesem Themenkomplex sind unglaublich. Die Methuselah-Stiftung in Virginia will es uns Menschen langfristig ermöglichen, biologisch gesehen für immer 25 Jahre alt zu sein. Und so unterstützt die Non-Profit-Organisation finanziell alle möglichen Forschungsbereiche, die sich der Anti-Aging-Wissenschaft verschrieben haben. Auch die Pharmaindustrie und sogar Google haben sich dieses Themas angenommen und wollen dem Altern ein Ende setzen. 2013 hat Google deswegen das Unternehmen Calico (California Life Company) gegründet. Die Hälfte der 1,5 Milliarden Dollar Gründungskapital hatte ein Pharmaunternehmen gesponsert, die andere Hälfte

Google selbst. Calico will es den Menschen ermöglichen, schon bald gesünder und länger zu leben, verspricht seine Website.

Woran die Forschungsteams unter anderem aus den Bereichen Medizin, Genetik, Molekularbiologie genau tüfteln, ist allerdings nicht wirklich bekannt. Fest steht, dass es Forschungsallianzen von Pharmaunternehmen gibt und man sich wohl auf Alterskrankheiten wie Krebs, Diabetes, Demenz und Herz-Kreislauf-Erkrankungen konzentriert. Und ähnlich wie mittlerweile im gesamten Silicon Valley wird hier wohl die Devise sein: Es gibt nichts, was Datenverarbeitung und Technologie nicht können! Das Sammeln und Auswerten von medizinischen und genetischen Daten soll die Verlängerung unseres Lebens also tatsächlich eines Tages Wirklichkeit werden lassen. Alle diese Anti-Aging-Player haben eines gemeinsam: Sie sind felsenfest davon überzeugt, dass wir mit Fortschritten und neuen Entdeckungen in der Medizin bald einen Durchbruch schaffen – um Leben zu verlängern und, ja, im besten Fall sogar ewig leben können.

Die große Frage, die es zu klären gilt, lautet: Was genau macht uns alt? Und dazu gibt es derzeit verschiedene wissenschaftliche Ansätze. Fest steht, dass zelluläre Veränderungen den Alterungsprozess beeinflussen. Die Nobelpreisträgerin Elizabeth Blackburn sieht die Telomere als Schlüssel. Diese fungieren an den Enden der Chromosomen wie Schutzkappen, nutzen sich jedoch mit der Zeit ab. Wenn die Telomere ihre Funktion nicht mehr richtig erfüllen, erhöht sich das Risiko, dass der Körper erkrankt. Und zwar eben an typischen Haupt-Krankheiten des Alters wie Diabetes, Krebs oder Herz-Kreislauf-Erkrankungen.

Medizinisch sind wir noch nicht in der Lage, die Abnutzung der Telomere zuverlässig zu stoppen oder sie wiederaufzubauen. Allerdings gibt es begründete Annahmen zu der Frage, wie man die Abnutzung der Telomere selbst verlangsamen kann. Und das

Anti-Aging-Forschung in Virginia: Das Logo der Stiftung Metuselah..

geht schon heute: gesunde Ernährung ohne Fleisch, Milch, Eier und stark verarbeitete Lebensmittel. Moderate Bewegung. Guter Umgang mit Stress und sich psychisch nicht gegen das Altern wehren, sondern es annehmen. Wer das beherzigt, wird demnach deutlich langsamer altern.

Andere Forschende sehen die Kommunikation der Zellen untereinander und die daraus resultierende Steuerung von Funktionen im Körper als die entscheidende Grundlage der verschiedenen Alterungsprozesse. Gestörte Signalwege, die im gesunden Körper eigentlich für Reparaturmechanismen zuständig sind, führen demnach zu Krebs, Diabetes und Autoimmunerkrankungen. Einige Tierversuche legen diese Theorie tatsächlich nahe. Hier konnte gezeigt werden, dass Alterungsprozesse verlangsamt werden, indem gestörte Signalwege modifiziert werden. Mit den Alterungsprozessen in Zusammenhang steht beispielsweise der Signalweg Insulin/IGF-1, der sowohl für den Stoffwechsel als auch für das Wachstum entscheidend ist. Um den Beginn des Alterns also aufzuhalten und herauszuzögern, müsste man es schaffen, unsere biologische Uhr zu verlangsamen.

Und wenn es um das «Älterwerden» geht, kommt man nicht um das Thema Stammzellen herum. Das hat unter anderem die aufsehenerregende Studie eines kalifornischen Forschungsteams im Jahr 2016 gezeigt. Im Labor hatten die Wissenschaftlerinnen und Wissenschaftler Mäuse gezüchtet, die vorzeitig altern. Die spannende Frage des Versuchs lautete: Kann dieser Alterungsprozess im Nachhinein gebremst oder gestoppt werden? In den Zellen aktivierte das Forschungsteam dann die sogenannten Yamanaka-Faktoren, die normalerweise nur im Stammzellstadium aktiv sind. Diese Gene wurden über eine längere Zeit immer für nur zwei Tage pro Woche angeschaltet. Das Ergebnis war mehr als überraschend: Die Labormäuse lebten nicht nur um ein Drittel länger, sondern erkrankten auch nicht an Krebs.

Zudem behandelten die Wissenschaftlerinnen und Wissenschaftler auch gesunde, aber ältere Mäuse auf diese Art und Weise. Wunden dieser Mäuse verheilten schneller, und nicht nur das: Die Tiere wirkten nach der Behandlung auch jünger. Der Studienleiter Juan Carlos Izpisua Belmonte sagt dazu: «Unsere Studie zeigt, dass Altern nicht zwangsläufig in eine Richtung voranschreiten muss. Der Prozess ist vielmehr formbar und kann umgekehrt werden, wenn man ihn sorgfältig reguliert.»

Doch bei aller Euphorie der Forscher ist auch klar, dass wir diese Ergebnisse aus einem Tierversuch keinesfalls 1:1 auf uns Menschen übertragen können.

Das große Problem bei der Durchführung von Studien zu menschlichen Alterungsprozessen ist kurioserweise, dass wir so lange leben und dass die Probanden somit die Forschungsteams «überleben» bzw. mehrere Generationen an Forschenden notwendig sind.

Unsere Altersgrenze liegt bei 115 Jahren

Lässt sich die menschliche Lebensspanne überhaupt ins Unermessliche steigern? Nein, sagt ein Forschungsteam aus New York vom Albert Einstein Medical College. Es geht davon aus, dass unser

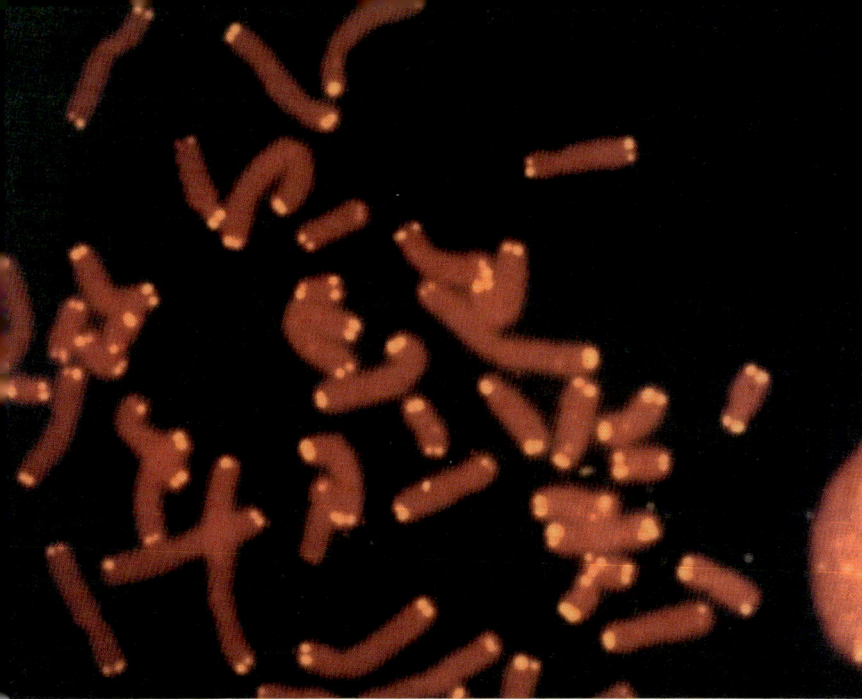

Telomere: Mit jeder Zellteilung werden sie kürzer. Wenn sie sich nicht mehr teilen können, vergreisen die Zellen und wir mit ihnen.

genetischer Code es überhaupt nicht vorsieht, älter zu werden. Demnach beträgt unsere maximale Lebenserwartung 115 Jahre. In der Fachzeitschrift *Nature* schreibt das Forschungsteam, dass der genetische Code von Anfang an Eckdaten wie Entwicklung und Wachstum enthalte, aber eben auch die Mängel, die dann am Ende zu unserem Tod führen. Vergleichbar quasi mit dem Fundament, auf das ein Haus gebaut wird. So könne man eben auch kein Hochhaus auf ein Fundament setzen, das ursprünglich für ein einfaches Bauernhaus gedacht war. Laut dieser *Nature*-Studie ist es zwar nicht ausgeschlossen, sogar noch älter zu werden, doch die Wahrscheinlichkeit dafür ist eben äußerst gering.

Und damit sind wir wieder bei der Frage: Ist die menschliche Lebenszeit unendlich dehnbar? Schaut man in die Vergangenheit, könnte man dies fälschlicherweise annehmen. Zahlen des Statistischen Bundesamtes zeigen, dass Männer, die zwischen 1871 und 1881 geboren wurden, im Durchschnitt 35,6 Jahre alt geworden sind; Frauen erreichten ein Alter von 38,4 Jahren. Für Menschen, die zwischen 2010 und 2012 geboren wurden, hat sich die Lebenserwartung verdoppelt: Frauen werden 82,8 Jahre und Männer 77,7. Doch aufgepasst – das alles sind Durchschnittswerte, und sie sind keinesfalls ein Indiz dafür, dass die Lebenserwartung mit der Zeit automatisch ansteigt. Dass sich die Lebenserwartung in unseren Breiten quasi verdoppelt hat, ist zum einen mit dem Rückgang der Kindersterblichkeit zu erklären und zum anderen natürlich mit den Fortschritten in der Medizin. Das maximale Alter der Menschen ist dagegen nicht wirklich gestiegen.

An dieser Stelle lohnt sich ein Blick in die Natur. Tatsächlich gibt es Lebewesen, die wirklich richtig alt werden können. Beispielsweise gibt es Schwämme, die 2000 Jahre alt werden, oder aber 4000 Jahre alte Korallen. Doch bisher ist keine einzige Kreatur bekannt, die biologisch gesehen unsterblich ist.

Und auch dies ist ganz klar: Selbst wenn die Wissenschaft in der Lage ist, uns biologisch für eine längere Zeit jung zu halten, so gilt das nicht gleichzeitig auch für unsere geistige Jugend. Denn wie will man es verhindern, dass unser Geist Erfahrungen sammelt, die Welt kennenlernt, sich weiterentwickelt und in diesem Sinne eben auch altert? Philosophen diskutieren darüber, ob irgendwann sogar der Zeitpunkt gekommen ist, an dem der menschliche Geist so weit gealtert ist, dass der dazugehörige Mensch gar nicht mehr weiterleben möchte.

Der ganze Themenkomplex rund um das verzögerte oder verhinderte Altern fordert nicht nur philosophische, sondern dringend auch ethische Diskussionen heraus. Denn nur, weil es demnächst wissenschaftlich und medizinisch vielleicht möglich sein könnte, 150 Jahre alt (oder älter) zu werden – sollten wir Menschen das eigentlich wollen? Teure Therapien, die das Leben verlängern, könnten sich vielleicht nur sehr reiche Leute leisten. Andererseits sind fatale Konsequenzen bezüglich der Überbevölkerung und der sozialen Ungerechtigkeit vorstellbar. Denn schon jetzt sind die Ressourcen der Erde für so viele Menschen knapp, und schon jetzt gibt es Maßnahmen, die Bevölkerungswachstum verhindern sollen. Man denke an die lange Phase der chinesischen Ein-Kind-Politik. Solche Maßnahmen müssten dann ausgeweitet werden. Was ist uns also mehr wert? Die Freiheit für jeden Einzelnen von uns, sich so fortzupflanzen, wie er oder sie es möchte? Oder aber die Möglichkeit, die eigene Lebensspanne signifikant auszuweiten? Ist es vielleicht sogar erstrebenswerter, auf ein besseres und gesünderes Leben zu setzen, als das Leben rein quantitativ zu beurteilen?

Kernfusion –
stoppt sie die Klima-
katastrophe?

Sie wäre die Lösung zahlreicher Probleme: eine Kernfusion, die umweltverträglich sauberen Strom produziert. Und so den immer weiter steigenden Energiebedarf der Erde decken könnte! Kaum Atommüll, kein CO_2 und ohne die Nachteile anderer Technologien. Sogar der Klimawandel könnte vielleicht gebremst werden.

Eine Entwicklung, die beispielsweise mit dem größten Forschungs-Fusionsreaktor der Welt im Süden von Frankreich vorangebracht werden soll: ITER. Das steht für «International Thermonuclear Experimental Reactor» und bedeutet im Lateinischen zugleich «Weg». Ein Reaktor, dessen Energieerzeugung durch Plasma funktioniert, das durch eine Kernreaktion von Deuterium und Tritium befeuert wird. Im Jahr 2025 soll dort das erste «konventionell» erzeugte Plasma gezündet werden, um seine Eigenschaften zu studieren. Nach weiteren Installationen ist das eigentliche Ziel für 2035 angepeilt: eben der Betrieb mit Deuterium und Tritium, die zu einem Neutron und einem Heliumkern fusionieren. Es wird also noch dauern.

Das britische Unternehmen Tokamak Energy dagegen hat sich mit seinem Reaktor namens «Tokamak ST40» das ehrgeizige Ziel gesteckt, bereits 2025 den ersten Strom zu produzieren. Bis 2030 soll dann auch kommerziell nutzbare Fusionsenergie produziert werden. Und auch in Deutschland ist man mit dem Kernfusionsexperiment Wendelstein 7-X bei Greifswald vorne mit dabei. Hier sind alle bisherigen Experimente gelungen, und nach dem ersten Umbau wurde bereits ein Weltrekord aufgestellt: 26 Sekunden lang gelang es, Plasma mit einer Ionentemperatur von 40 Millionen Kelvin zu erzeugen, was in diesen Größenordnungen ähnlich den Graden Celsius ist.

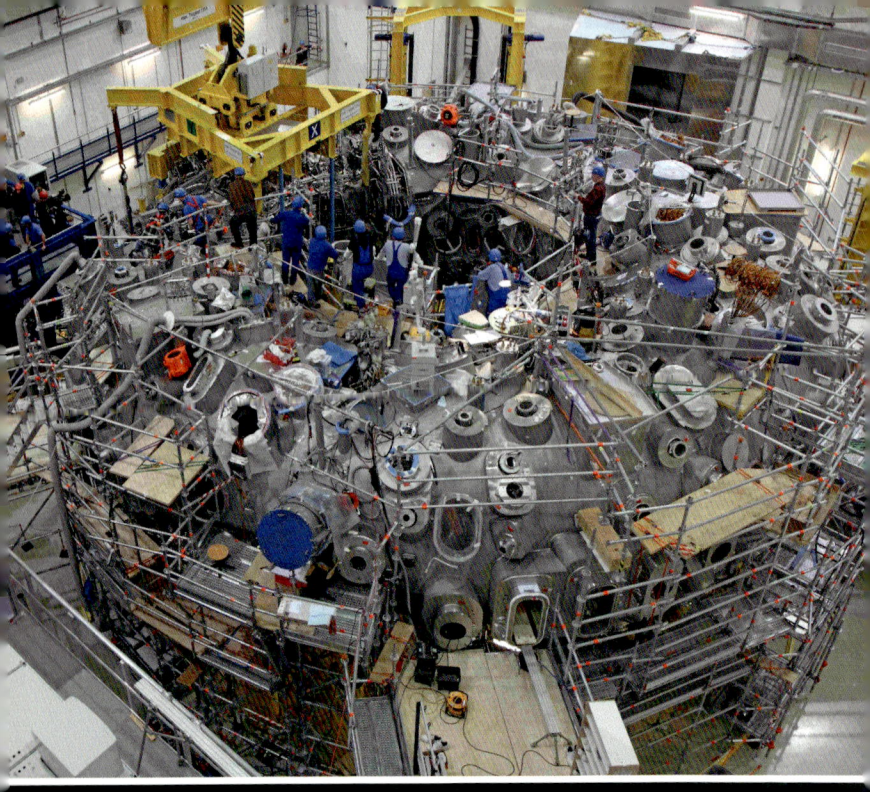

Blick auf den Aufbau der Experimentieranlage Wendelstein 7-X zur Erforschung der Kernfusionstechnik, die in Greifswald vom Max-Planck-Institut für Plasmaphysik betrieben wird.

Ein Meilenstein, denn am Anfang mussten sich die Forschungs-teams noch mit Werten unter einer Sekunde begnügen. Und nach dem nächsten Umbau soll das Plasma in dem Fusionsreaktor bis zu 30 Minuten lang brennen. Das wäre ein Riesenschritt nach vorn, denn bisher galten solche Brenndauern als unrealistisch. Aber Expertinnen und Experten halten die Kernfusionsanlage in Greifs-wald für eine der modernsten Forschungsanlagen überhaupt und trauen ihr das zu.

Plasma – tausendmal heißer als die Sonne

Alle diese Projekte haben eines gemeinsam: Sie haben das Ziel, die Kräfte der Sonne auch auf der Erde zu entfesseln. Denn die Sonne funktioniert anders als ein Kernkraftwerk. In diesem werden Atome gespalten, wodurch eine Kettenreaktion entsteht, die bei Atombomben zu einer riesigen Explosion führt, im Atomkraftwerk aber geregelt wird. Zur Kernschmelze, also der ungeregelten Kettenreaktion, kommt es dann, wenn ihre Bändigung versagt und die Brennelemente regelrecht abbrennen. Sie werden dann so heiß, dass sie durch den Boden des Atomkraftwerks dringen und so in die Umwelt gelangen können. Auch ohne eine solche Katastrophe gab es genug Atomunfälle mit schlimmen Folgen. Zudem ist die Entsorgung des Atommülls weltweit noch nicht geregelt oder so schlecht gelöst, dass sie die Umwelt gefährdet.

Bei der Kernfusion ist das anders. Dabei verschmelzen Atomkerne durch extrem hohe Temperaturen und enormen Druck im Inneren zu einem neuen Kern. Dabei entsteht Helium, und riesige Mengen an Energie werden frei! Deswegen wird die Kernfusion inzwischen auch als DIE saubere Primär-Energiequelle gehandelt. Sie könnte tatsächlich – CO_2 frei – erneuerbare Energien ergänzen und am Ende womöglich ersetzen.

Und die Kernfusion ist deutlich ungefährlicher als die aktuelle Atomspaltung in Kernkraftwerken. In einem Fusionsreaktor kommt die Reaktion bei einem Unfall direkt zum Erliegen. Die radioaktiven Stoffe, die entstehen, besitzen eine Halbwertzeit von Jahrzehnten – und nicht von Jahrmillionen wie bei der aktuellen Kernspaltung. So auch eine Studie des Max-Planck-Institutes für Plasmaphysik, das das Problem mit dem anfallenden radioaktiven Müll als handelbar eingestuft hat.

Die Kernfusion wäre also ein Fortschritt. Und so dient der Ver-

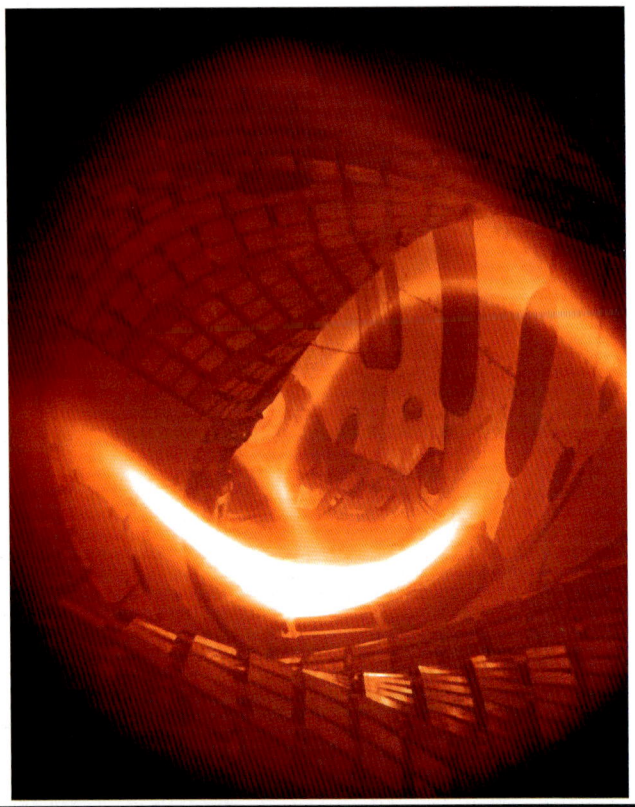

Das erste Wasserstoff-Plasma in Wendelstein 7-X (3. Februar 2016). Es existierte eine Viertelsekunde und erreichte – bei moderater Plasmadichte – eine Temperatur von rund 80 Millionen Grad Celsius.

suchsbetrieb solch großer Kernfusionsreaktoren als Vorarbeit für den Bau eines Kraftwerks, das im besten Fall schon in näherer Zukunft erste Elektrizität und dann auch kommerziell nutzbare Fusionsenergie herstellt.

Das Insektensterben:

Wir zerstören unsere

Lebensgrundlagen

Die Gesamtmasse aller Insekten auf der Erde nimmt jährlich um 2,5 Prozent ab. So war es zumindest in den letzten 25 bis 30 Jahren. Sollte dieser Trend anhalten, dann endet er in einer Katastrophe. In zehn Jahren werden wir ein Viertel weniger Insekten haben, in fünfzig Jahren ist noch die Hälfte übrig, und in hundert Jahren gibt es sie nicht mehr. Die Extinktionsrate – der Begriff Extinktion meint so viel wie Aussterben – ist bei Insekten achtmal höher als bei Säugetieren, Reptilien und Vögeln.

Diese beunruhigenden Erkenntnisse beruhen auf einer Studie, in der insgesamt 73 Berichte über den Rückgang von Insekten-Populationen weltweit analysiert wurden. Demnach ist das Insektensterben ein gigantisches weltweites Problem! Besonders verschiedene Arten von Bienen sind dabei, für immer zu verschwinden – und zwar vor allem in Nordamerika, Dänemark und Großbritannien. Betroffen sind aber auch Schmetterlinge und Motten. In England beispielsweise gab es zwischen 2000 und 2009 einen Rückgang der Schmetterlingsarten auf landwirtschaftlich genutzten Flächen um 58 Prozent. In den USA ist die Menge der Hummelarten allein in Oklahoma von 1949 bis 2013 um die Hälfte geschrumpft. Ähnlich ist es bei den Bienen – auch hier ist ein dramatischer Rückgang zu verzeichnen: Gab es 1947 noch sechs Millionen Honigbienen-Kolonien in den USA, so sind es jetzt nur noch 2,5 Millionen.

Das Aussterben der Insekten hat weitreichende Folgen für das gesamte Leben auf der Erde. Die Studie spricht von einem «Zusammenbruch der Ökosysteme». Falls das Sterben der Insekten nicht gestoppt wird, wird dies «katastrophale Folgen sowohl für die Ökosysteme des Planeten als auch für das Überleben der

Bienen, die sich um die Brut kümmern; in den weißen Waben sind Pollen, die als Nahrung dienen sollen. Doch die Bienen sterben aus, wenn wir nicht bald zu einer anderen «Landwirtschaft» kommen.

Menschheit haben», so einer der beteiligten Forscher, Francisco Sánchez-Bayo.

Denn Insekten spielen eine wichtige Rolle in der Natur – als Nahrung für andere Lebewesen, als Bestäuber und außerdem als Nährstoff-Recycler. Ein dramatisches Problem resultiert daraus für Vögel, Fische, Amphibien und Reptilien, die sich von Insekten ernähren. Aber auch unsere Nahrungsquellen könnten durch den Rückgang der Insekten knapp werden – schließlich übernehmen Bienen und Schmetterlinge als Bestäuber eine wichtige Funktion für das Wachstum von Gemüse und Früchten.

Dieser dramatische Rückgang der Insekten ist damit mit ein Auslöser für das sechste Massenaussterben auf der Erde. Ein Forschungsteam von der Universität Mexiko und der Stanford University hat 2017 eine Studie veröffentlicht, nach der 75 Prozent aller Spezies in den nächsten Jahrhunderten von der Erde verschwinden werden. Darin heißt es, dass die Populationen von insgesamt 27 600 Arten an Vögeln, Reptilien, Amphibien und Säugetieren kontinuierlich abnehmen. Dazu die Studie: «Das sechste Massenaussterben der Erde ist ernster als anfangs gedacht. Es geht etwas Großes vor sich.»

Auch in früheren Zeiten gab es Artensterben auf der Erde, zum Beispiel infolge von Eiszeiten oder Asteroiden-Einschlägen. Und genau das ist der große Unterschied: An dem aktuell stattfindenden Massenaussterben sind einzig und allein wir Menschen schuld. Unser Verhalten, das der Menschheit, hat derzeit dieselbe Wirkung wie ein riesiger Asteroideneinschlag. Laut Sánchez-Bayo bewirkt vor allem eines das Aussterben der Insekten: «Die Hauptursache für den Rückgang ist die intensive landwirtschaftliche Nutzung der Landschaft. Alle Bäume und Sträucher, die normalerweise die Felder umgeben, werden beseitigt. Es gibt also nur noch einfache, kahle Felder, die mit synthetischem Dünger und Pestiziden behandelt werden.»

Artensterben durch Insektizide

Die neuen Insektizide, die in den letzten zwanzig Jahren entwickelt wurden und routinemäßig eingesetzt werden, seien hier besonders schädlich durch ihren Verbleib in der Umwelt. Einige Arten, etwa eine bestimmte Hummelart in den USA, können sich anpassen. Doch die Zunahme weniger Arten wird die Verluste der aussterbenden Arten längst nicht kompensieren, so die Studie. Lediglich ökologische Formen der Landwirtschaft können dem großen Insektensterben noch entgegenwirken.

Bei einer Tagung des Weltbiodiversitätsrats IPBES in Paris, in dem einschließlich Deutschland 132 Staaten Mitglied sind, wurde die dramatische Lage des Artensterbens dokumentiert. Dafür haben Forscherinnen und Forscher aus über 50 Ländern Tausende Studien ausgewertet. Und das Ergebnis ist erschreckend. Diese Ökobilanz hat neben der Landnutzung weitere entscheidende Ursachen für das große Artensterben identifiziert. Das sind durch den Menschen veränderte Ozeane, invasive Arten, die zu 70 Prozent zugenommen haben, die direkte Nutzung von Pflanzen und Tieren, der Klimawandel und die Umweltverschmutzung. Allerdings bleibt die Landwirtschaft der wichtigste Punkt.

Eine Million Pflanzen- und Tierarten sind vom Aussterben bedroht. Und dieser Rückgang der Biodiversität betrifft schon heute elf Prozent der Menschheit. Für sie gibt es deswegen zu wenig Nahrung. Eine Entwicklung, die somit unsere eigene Spezies bedroht.

Alle bisherigen Projekte und Strategien der Politik zur Eindämmung der Krise sind krachend gescheitert – wenn sie überhaupt stattfanden. Es ist schon traurig, wenn, wie zum Beispiel in Bayern, erst die Bevölkerung mit einer Gesetzesinitiative gegen das Insektensterben aktiv werden muss, weil die Politik sich dem verweigert hatte. Wenn jetzt nicht engagiert und effektiv gehandelt wird, dann wird das sechste Massenaussterben Dimensionen annehmen, denen auch die Lebensgrundlagen der Menschheit zum Opfer fallen können.

Klimawandel:

Ist die Erde noch zu retten?

Der Klimawandel findet statt. Niemand außer Populisten wie Donald Trump oder Amateurklimaexperten und -expertinnen bezweifelt das. Nahezu alle Nationen sind dem Pariser Klimaabkommen beigetreten, und trotzdem ignoriert die Bundesregierung ihre eigenen Klimaziele und wird sie verfehlen. Der Kohleausstieg, obwohl er nach wissenschaftlicher Einschätzung in einer Studie des Fraunhofer-Institutes problemlos viel früher möglich wäre, wird auf 2038 verschoben.

Dabei gibt es ganz konkrete wissenschaftliche Erkenntnisse, die voraussagen, dass die Klimakatastrophe nicht mehr gestoppt werden kann, wenn bestimmte «Kipppunkte» im globalen Öko-system erreicht sind. Man weiß, dass sie kommen, wenn die Erderwärmung weitergeht, aber man weiß nicht genau, wann. Für unsere Spezies auf der Erde wird indessen dann nicht mehr und nicht weniger vorausgesagt als der praktische Untergang. Die Meere werden dramatisch ansteigen und das Land für Milliarden Menschen unbewohnbar machen.

Die Hiobsbotschaften reißen nicht ab: Die Arktis wird schon in absehbarer Zeit eisfrei sein. Die Antarktis schmilzt viel schneller als gedacht. Die Regenwälder beginnen abzusterben. Die Meeresströmungen verändern sich. Mit jedem zusätzlichen Grad Erderwärmung nimmt die Biosphäre weiteren Schaden. Der menschengemachte CO_2-Ausstoß, Hauptfaktor für die globale Erwärmung, ist seit 30 Jahren kaum weniger geworden, trotz ständig proklamierter Grenzen, der Ausrufung des Zwei-Grad-Ziels als Obergrenze der Erderwärmung und der Bepreisung von CO_2, dem Kohlenstoffdioxid. Es entsteht vor allem durch die Verbrennung fossiler Energie in Fahrzeugen und Fabriken sowie die Viehwirtschaft.

Allein der Volkswagen-Konzern mit 100 Millionen Autos auf der Straße ist für ein Prozent des CO_2-Ausstoßes auf der Welt verantwortlich. Aber zumindest will dieser Autokonzern jetzt die Reißleine ziehen. Eigene Studien haben klar ergeben, dass Elektroautos in Ländern mit entsprechendem Anteil von regenerativen Energien an der Stromerzeugung einen deutlich geringeren CO_2-Ausstoß haben als andere Antriebsarten. Und darin ist der CO_2-Rucksack eingerechnet, der von Gegnern immer wieder angeführt wird, also die Betriebsdauer, nach der E-Autos beim derzeitigen Energie-Mix der Umwelt erst nützen. Dabei muss aber berücksichtigt werden, dass das ein Zwischenstand bis zur Energieerzeugung ausschließlich mit umweltfreundlichen Techniken ist. Dann wird gar kein CO_2 mehr erzeugt, weder bei der Produktion noch bei der Fortbewegung.

Man fragt sich wirklich, warum die Profis hier nicht gehört werden. Denn es gibt inzwischen aus allen Teilen der Welt unzählige Studien, die den Klimawandel beweisen. Inselstaaten gehen unter. 2018 gab es zum ersten Mal eine Wettersituation, bei der die gesamte Nordhalbkugel im Sommer heiß war, ein Phänomen, bei dem dann auch die Klimawissenschaftler ihre Zurückhaltung aufgaben und dieses Wetterphänomen ganz konkret mit dem Klimawandel in Zusammenhang brachten. Ein immer schneller steigender Meeresspiegel, deutlich höhere Temperaturen, stärkere Unwetter – wir machen die Erde für nachfolgende Generationen unbewohnbar.

Und schon jetzt hat diese Entwicklung für zahlreiche Gebiete auf der Welt begonnen. Selbst mitten in Europa wird es ungemütlich. Oder in den USA, die von eiskalten Winterstürmen betroffen sind. Verantwortlich ist der negative Einfluss der Erderwärmung auf die sogenannten Rossby-Wellen. Das sind großräumige Wellen in den Jetstreams, die in der Troposphäre, da, wo das Wetter

Kein Platz mehr übrig für Vielfalt der Arten: Eine Agrarsteppe, hier im US-Bundesstaat Kansas.

entsteht, für den klimatischen Ausgleich der Hemisphären sorgen, von Nord nach Süd und von Ost nach West. Ihre Veränderung bringt kalte Luft aus der Arktis weiter in den Süden und warme Luft an den Nordpol. In Europa sorgen sie für mehr und größere Unwetter.

Und alldem wird in der Politik die Gefährdung der Wirtschaft und von Arbeitsplätzen entgegengehalten. Die Generation der in den sechziger, siebziger und achtziger Jahren zu Macht und Wohlstand Gekommenen scheint hier ihre Pfründe verteidigen zu wollen. Solange sich das nicht ändert, hat die Erde keine Chance.

Wir brauchen
keine Landwirtschaft!

Warum sprechen wir eigentlich immer von Landwirtschaft? Im Grunde ist dieser Begriff ziemlich schief. Dann wäre Fischerei ja auch Meereswirtschaft. Oder die Produktion von Gütern Fabrikwirtschaft. Eigentlich geht es nicht um Landwirtschaft, denn das Land spielt bei der Produktion von Gemüse oder Fleisch nur eine mittelbare Rolle. Der Begriff führt auf die falsche Fährte, dass unbedingt Land im Spiel sein muss, wenn Nahrungsmittel produziert werden. In der Fischerei zum Beispiel gibt es schon viel mehr Zuchten außerhalb der Weltmeere, als es alternative Anbaumethoden in der Landwirtschaft gibt – die eigentlich eine Gemüse-, Frucht- oder Fleischwirtschaft ist. Und vielleicht kommt man mit dieser Vorstellung eher auf alternative Anbaumethoden.

«Landwirtschaft» ohne Land

Im Weltall sind die nämlich nötig. Da gibt es einfach kein Land. Ein «Feld», auf dem geforscht wird, und die Ergebnisse sind absolut beeindruckend: Sie könnten die Versorgung mit Lebensmitteln auf der Erde revolutionieren. Forschungsteams weltweit arbeiten mit Hochdruck daran, im Weltall Gemüse anzubauen. Noch gibt es einige Herausforderungen, doch mittlerweile scheint ein Gewächshaus auf dem Mars oder Mond durchaus realistisch.

Fest steht: Wenn wir Menschen auf Mond oder Mars siedeln wollen, brauchen wir dort auch Nahrung. Entweder wird sie eingeflogen, was unfasslich teuer wäre, oder aber praktischerweise direkt vor Ort kultiviert. Möglich würde das durch ein in sich geschlossenes Gewächshaus, das auch im Weltraum für sichere

Ernten sorgen könnte. Doch nicht nur im All, sondern auch in klimatisch ungünstigen Regionen der Erde würde ein solches – in sich geschlossenes – Gewächshaus den Anbau von Nutzpflanzen möglich machen. Und das ist nicht nur aufgrund der zunehmenden Weltbevölkerung, sondern auch wegen des Klimawandels eine Idee, die Fachleute so schnell wie möglich umsetzen wollen.

Mit dabei ist unter anderem das Deutsche Zentrum für Luft- und Raumfahrt mit dem Projekt «EDEN-ISS». Hierbei handelt es sich um ein Modell-Gewächshaus der Zukunft, das ein ganzes Jahr lang in der Antarktis auf seinen Ernteertrag getestet wurde. Und zwar mit Erfolg: Innerhalb eines Jahres konnten insgesamt 117 Kilogramm Salat, 46 Kilo Tomaten, 67 Kilo Gurken, 19 Kilo Kohlrabi, 15 Kilo Kräuter und acht Kilo Radieschen geerntet werden. Betrieben wurde das EDEN-ISS-Gewächshaus an der sogenannten Neumayer-Station III – und zwar unter antarktischen Extrembedingungen. Dazu der Wissenschaftler Daniel Schubert: «Die Antarktis mit ihren extremen klimatischen Bedingungen mit bis zu minus 40 Grad bietet ein optimales Testumfeld.»

Das Gewächshaus besteht aus einem Hightech-Container, der eine Anbaufläche von 13 Quadratmetern bietet. Innen herrschen 21 Grad Celsius und 65 Prozent relative Luftfeuchtigkeit. Die Pflanzen wachsen hier ohne Erde, Tageslicht und Pestizide. Das Forschungsteam konnte von Bremen aus beobachten, was im Gewächshaus passiert. Kameras und Monitore zeigen nicht nur Sauerstoff- und Kohlendioxid-Gehalt an, sondern auch die Temperatur und Luftfeuchtigkeit. Computergesteuert wurden die Wurzeln der Pflanzen mit einer Nährstofflösung besprüht – und zwar alle fünf Minuten. Zudem bekamen sie Extraportionen Kohlendioxid und künstliches Licht – und all das sorgte dafür, dass die Pflanzen schneller wuchsen als unter normalen Bedingungen.

Gurken und Radieschen für Erde, Mond und Mars: Mit EDEN-ISS geht das Deutsche Zentrum für Luft- und Raumfahrt in der Antarktisstation Neumayer III neue Wege zur Produktion von Nahrungsmitteln.

Ähnlich soll das Szenario dann bei einer echten Raumfahrtmission aussehen. Von der Erde aus könnte die Pflanzenaufzucht bereits gestartet werden, wenn die Astronautinnen und Astronauten sich erst noch auf den Weg machen. Dazu Daniel Schubert vom DLR: «Wenn die Astronauten am Mars ankommen, soll das Gewächshaus schon in voller Blüte stehen.» Es würde, ist damit gemeint, schon Früchte oder Gemüse tragen.

Und hier auf der Erde bricht sich dieses Vertical Farming immer mehr Bahn. Das Berliner Unternehmen *infarm* hat weltweit rund 1000 vertikale Gemüsegärten in Restaurants und Supermärkten aufgestellt, wo Kräuter und Gemüse jetzt erst beim Kauf geerntet werden. Laut *infarm* benötigen sie 95 Prozent weniger Wasser, 75 Prozent weniger Dünger, 90 Prozent weniger CO_2 beim

Transport und 99 Prozent weniger Platz. Und es werden dort keinerlei Pestizide eingesetzt. Alles, was man braucht, ist Strom für künstliches Licht.

Eine andere Methode wird bereits in klimatisch gemäßigten Zonen angewendet: Fische sollen helfen, Gemüse regional und nachhaltig anzubauen. Bei dem sogenannten Aquaponik-Verfahren werden Gemüseanbau und Fischzucht miteinander verbunden – und zwar wie bei ISS-EDEN in einem geschlossenen Kreislaufsystem. Das ist nicht nur ressourcen-, sondern auch platzsparend. In Berlin gibt es zum Beispiel eine Aquaponik-Farm, die Barsche und Basilikum produziert.

Eine andere Farm konzentriert sich auf den Afrikanischen Raubwels und Salat und Gemüse. Im nordrhein-westfälischen Wuppertal werden Nilbarsche und Tomaten, Basilikum und Paprika gezüchtet.

Die Rede ist von dem System namens «Aqua-Terra-Ponik». Aqua steht hier für Aquakultur, also für Fischwirtschaft, und mit Hydroponik ist eigentlich ein erdfreier Anbau in Gewächshäusern gemeint.

Entscheidend bei diesem System ist der Kreislauf zwischen den Fischen und den Pflanzen: Die Ausscheidungen der Tiere dienen Tomate, Paprika und Co. als Nährstoffe. Heißt also: Die Hinterlassenschaften der Fische landen im Wasser, und das wiederum wird als Düngung für das Gemüse eingesetzt. Dazu wird es zunächst durch Filter geleitet, die dafür sorgen, dass Schwebstoffe entfernt werden. Das gelöste Ammonium aus dem Fischkot wird durch Bakterien, die sich im Wasser befinden, in natürlichen Dünger umgewandelt. Mit diesem Wasser werden die Pflanzen gegossen. Dann geht das Wasser wieder zurück zu den Fischen.

Auf dem Weg zur Nahrungswirtschaft

Das ist nämlich nicht ganz unwichtig: Wasser wird auf der Erde ja nie verbraucht. Es dient als Medium, um Nährstoffe in Pflanzen und Tieren zu transportieren. In einem geschlossenen System reicht also immer die enthaltene Menge Wasser und wird nicht verbraucht. Zu dem geschlossenen Kreislauf wird am besten nur Futter für die Fische hinzugefügt. Andere Farmen geben allerdings noch Dünger in das Wasser, und somit wird es nicht zurück ins Aquarium geführt.

Oft steht ein nachhaltiger und umweltfreundlicher Gedanke hinter dem Ganzen. Auf Gentechnik und Antibiotika wird größtenteils verzichtet. Bei der Auswahl des Saatgutes ist vieles möglich: Salate, Tomaten und Paprika, aber auch Melonen oder Auberginen können so wachsen. Bei der Auswahl der Fische muss allerdings einiges beachtet werden: Die Süßwasserfische müssen mit nitratreichem Wasser zurechtkommen und außerdem warme Temperaturen mögen. In Frage kommen also beispielsweise Welse oder tropische Barsche – Forellen oder Zander dagegen eher nicht. Nicht nur die Futtergabe, sondern auch der Wasserfluss und der pH- und Sauerstoffwert in den Tanks, in denen die Fische leben, werden durch Computer gesteuert.

Das Prinzip ist übrigens uralt. Schon seit rund tausend Jahren werden im asiatischen Raum Karpfen eingesetzt, die durch überflutete Reisfelder schwimmen. Manche bezeichnen das System Aquaponik als DIE Landwirtschaft der Zukunft. Beziehungsweise: Landwirtschaft ist es ja eigentlich nicht mehr. Das Ganze spart nicht nur Ressourcen, sondern auch Platz und ist damit auch auf kleinem Raum möglich.

Und das System ist unabhängig vom Wetter – ein riesiger Vorteil! Denn der Klimawandel sorgt in vielen Regionen dieser Erde für Dürre, Wasserknappheit und Trockenheit. Selbst unter solch widrigen Bedingungen könnte Aquaponik eingesetzt werden. Die Zukunft der Landwirtschaft ist also aller Wahrscheinlichkeit nach: Nahrungswirtschaft. Und dafür gibt es schon jetzt zahlreiche Ansätze, die auch schon in die Praxis umgesetzt werden. Und wenn diese Methoden dann weltweit eingesetzt werden, wird auch unser Planet durch Landwirtschaft nicht mehr so ausgelaugt und zerstört.

Das «saubere»
Steak aus dem Labor

Keine Frage: So ein Steak hat schon was! Aber auch nur, wenn man beim Essen ausblendet, wo das Fleisch herkommt und was es mit unserer Gesundheit und auch unserer Umwelt macht. Denn Nutztiere sind längst reine Industrieprodukte. Massentierhaltung beinhaltet Megaställe, Tiertransporte und oft auch unkontrollierte Antibiotika-Vergabe. Und das alles hat ganz und gar nichts mehr mit dem Bauernhof-Idyll zu tun, das manche vielleicht im Kopf haben.

Es ist also nichts mit glücklichen Kühen auf einer grünen Wiese oder Hühnern, die unter blauem Himmel nach Lust und Laune ein Ei legen. Stattdessen: Masthähnchen, die zu Zehntausenden in große Hallen gestopft werden; Schweine, die in ihrem ganzen Leben nicht einmal das Tageslicht sehen, und Kühe mit entzündeten Eutern. Und so schreibt die Heinrich-Böll-Stiftung in ihrem Fleischatlas von 2016: «Die Massentierhaltung auf engstem Raum wirkt sich negativ auf die Tiere, aber auch auf die Umwelt aus. Gewaltige Mengen an Gülle und der Ammoniak-Ausstoß der Anlagen tragen dazu bei, dass Böden, Biotope, Grundwasser, Seen, Flüsse und Küstengewässer permanent mit Nitrat überdüngt werden.»

Und noch ein interessanter Fakt: Die Produktion von einem Kilo Rindfleisch verbraucht rund 16000 Liter Wasser. Für die Produktion von Lithium werden pro Kilo rund 2000 Liter verbraucht, aber auch nur in dem Fall, wenn es aus Lithiumsulfat gewonnen wird. In der größten Batterie für ein Elektroauto, der 100-Kilowatt-Batterie eines Tesla Model S, stecken 10 Kilo Lithium. Sprich: zweimal Steak essen mit der Familie. Allerdings wird das meiste Lithium im Bergbau gewonnen.

Schlimm genug, doch Massentierhaltung hat zudem auch noch massive Folgen für das Klima! Eine 2018 erschienene Studie des US-Instituts für Agrar- und Handelspolitik (Institute for Agriculture and Trade Policy, kurz: IATP) hat herausgefunden, dass fünf der weltweit größten Fleisch- und Molkerei-Konzerne für mehr Treibhausgas-Emissionen verantwortlich sind als einer der großen Ölkonzerne! Ein erschreckendes Ergebnis. Und für die Zukunft ist keine Besserung in Sicht. Im Gegenteil: Wenn man davon ausgeht, dass die Fleisch- und Molkerei-Branche in den kommenden Jahren weiter wächst, steht uns ein Kollaps bevor. Schon 2050 würde der Viehbestand 80 Prozent des Treibhausgas-Budgets der Erde in Anspruch nehmen.

«Better Meat, Better World»

Nicht zuletzt tun aber auch wir Verbraucher uns ganz und gar nichts Gutes damit, Fleisch zu essen. Die Organisation «Foodwatch» hat nach der Analyse zahlreicher Studien im Jahr 2016 herausgearbeitet, dass jedes vierte tierische Produkt von einem kranken Tier stammt. Und das sind dann am Ende Produkte, die auch für uns nicht gesund sind. Denn die Tiere werden vollgestopft mit Medikamenten wie Antibiotika, was wiederum die Entstehung von resistenten Keimen fördert. Regelmäßig gibt es dazu neue Schlagzeilen in den Medien und nicht umsonst erfolgen immer wieder Warnungen vor einer drohenden medizinischen Katastrophe. Denn dann können auch wir Menschen nur noch eingeschränkt mit Antibiotika behandelt werden.

Laut einer 2018 erschienenen Studie des Europäischen Zentrums für die Prävention und die Kontrolle von Krankheiten (ECDC) sterben pro Jahr in der Europäischen Union 33 000 Men-

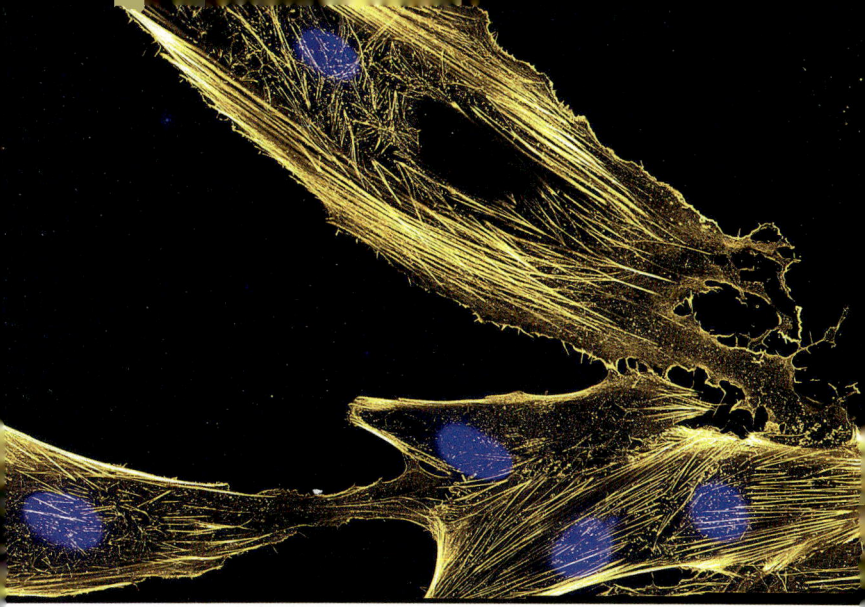

Vorläuferzelle einer Muskelzelle: Myoblaste, Ausgangspunkt für Fleischherstellung im Bio-Reaktor, aber auch in der medizinischen Forschung als Möglichkeit der Bekämpfung von Herzinfarkt-Folgen aktuell.

schen an den Folgen einer Infektion mit antibiotikaresistenten Erregern. Nach Schätzungen des Forschungsteams ist die Belastung durch antibiotikaresistente Bakterien so groß wie die von HIV / Aids, Grippe und Tuberkulose zusammen! Und dafür ist die Massentierhaltung mit der regelmäßigen Gabe von Antibiotika mitverantwortlich.

Neben dem Vegetarismus, der als für die Umwelt nachhaltigste Option gilt, wäre künstliches Fleisch für viele dieser Probleme DIE Lösung schlechthin. Somit wäre es also höchste Zeit, dass das sogenannte Clean Meat alltagstauglich wird. Gemeint ist damit echtes Fleisch, das aber eben nicht vom Tier stammt, sondern aus Stammzellen gezüchtet wird. (Nicht zu verwechseln übrigens mit «falschem» Fleisch, das etwa aus Soja hergestellt wird oder aus Erbsen-Proteinen.) Und so gibt es allein im Silicon Valley und in San Francisco rund ein Dutzend Unternehmen, die daran forschen. Mit im Rennen ist beispielsweise das kalifornische Start-up-Unternehmen Memphis Meats. Sein Slogan: «Better Meat, Better World».

Einige Promi-Investoren wie etwa Bill Gates oder Richard Branson haben das Kapital für diese Entwicklungen bereitgestellt Aber auch der große US-Fleischproduzent Tyson investiert interessanterweise in die Firma. 2016 hat das Unternehmen sein erstes gezüchtetes Fleischbällchen vorgestellt, 2017 servierte es das erste künstliche Hähnchenfilet.

Die Fleischzucht im Bioreaktor funktioniert vereinfacht gesagt folgendermaßen: Myoblasten, Vorläuferzellen der Skelettmuskelfasern, werden in ein Reagenzglas gegeben, wo ihnen dann vorgegaukelt wird, dass sie sich in einem tierischen Körper befinden. So wachsen sie dann zunächst zu Muskelzellen, später dann zu Muskelfasern heran. Und das ist tatsächlich der schwierigste Schritt in dem ganzen Prozess. Die vorgezüchteten Zellen werden auf Trägerschichten eines Bioreaktors verankert. Diese bestehen aus möglichst porösen Polymerstrukturen wie beispielsweise Kollagen, um die Diffusion der Inhaltsstoffe aus der Nährlösung zu den Muskelzellen zu gewährleisten.

Das Problem liegt auf der Hand: Je mehr Zellschichten sich bilden, desto schwieriger wird diese Diffusion und damit die Versorgung mit Nährstoffen. Am Ende ist dieses Fleisch unter dem Mikroskop aber tatsächlich nicht von dem Muskelfasergeflecht eines realen Steaks zu unterscheiden. Doch allein um einen Hamburger zu formen, braucht es etwa 20 000 solcher Muskelfasern. Diese können dann beispielsweise mit einem Bindemittel auf der Basis von Stärke zu einem Burger verklebt werden

Um es an dieser Stelle noch einmal klipp und klar zu sagen: Es geht hier nicht um einen Ersatz oder eine Alternative zu Fleisch, sondern es geht tatsächlich um «richtiges» Fleisch, gewonnen aus den Stammzellen von Geflügel, Schweinen oder Rindern – nur eben mit dem großen Vorteil, dass man dafür im Prinzip keine Tiere großziehen und schlachten muss.

Dennoch bleibt am Ende ein fader Beigeschmack. Denn im Großteil der bisherigen Herstellungsprozesse wird dafür Blutserum von Tieren verwendet. Die Muskelzellen wachsen auf einer Nährstofflösung, die unter anderem aus dem Blutserum von Kälberföten besteht. Es liefert Proteine, die das Fleisch zum Wachsen braucht. Um das Serum zu gewinnen, wird das ungeborene Kalb aus der Gebärmutter der Kuh geholt, um ihm dann Blut aus dem Herzen abzusaugen. Das geschieht ohne Betäubung. Das Kalb überlebt diesen Eingriff nicht, die Kuh wird danach geschlachtet. Hinzu kommt auch noch ein gewisses Risiko, denn das Serum könnte Krankheiten übertragen.

Deshalb sind Forschungsteams weltweit auf der Suche nach Alternativen, um ebendieses ethische und auch logistische Problem bei der Produktion von Kunstfleisch zu lösen. Das kalifornische Unternehmen Just sucht beispielsweise nach pflanzlichen Proteinen, die die Zellvermehrung ebenso ermöglichen wie das tierische Serum. Schweine-, Rinder- und Geflügelhack hat Just bisher nachgebaut. Schon in naher Zukunft sollen diese Produkte auf den Markt kommen und geschmacklich dem echten Fleisch in nichts nachstehen.

Doch damit wir in Zukunft tatsächlich künstliches Fleisch in den Supermarktregalen finden können, muss noch einiges passieren. Die Infrastruktur muss ausgebaut werden, um die Produktion effizienter zu gestalten. Eine Bedingung dafür wäre, dass entsprechende Start-ups weiter kräftig finanziell gefördert werden.

Der erste Stammzell-Burger, hier noch ungebraten, gelang niederländischen Forschern aus Maastricht schon 2013. Kosten für den Snack damals: 250 000 Euro. Seitdem hat sich viel getan.

Doch eine der größten Herausforderungen wurde jetzt bewältigt, und somit fiel der Startschuss für die kommerzielle Produktion: Der Preis ist deutlich gesunken. Ein Team des Technion Israel Institute of Technology in Haifa und des Food-Tech-Start-ups Aleph Farms hat Fleisch im Labor hergestellt, das wie echtes Fleisch schmeckt und dazu noch die typische Konsistenz und Bissfestigkeit hat.

Und ein weiterer Meilenstein: Für das Zellwachstum wird Sojaprotein verwendet, das auf einem Gerüst aus Rindfleischzellen eingesetzt wird. Darauf haften Satellitenzellen, ein Vorläufer von Skelettmuskelfaserzellen, an, die sich durch die Zugabe insulinähnlicher Stoffe vermehren. Soja liefert zusätzlich Protein, mit dem sich die Muskelzellen bilden können. Innerhalb von drei bis vier Wochen wächst so ein gleichmäßiges Stück Fleisch heran. Mit dieser Methode kann durch unterschiedliche Gerüste die Größe und Form des Laborfleischs variiert werden, um verschiedene

Fleischprodukte zu imitieren. In Zukunft können vermutlich auch andere pflanzliche Proteine eingesetzt werden. Aber Sojaprotein ist optimal, da es ein günstiger Rohstoff ist, der bei der Herstellung von Sojaöl anfällt.

Fleisch-Revolution aus der Retorte

Übrigens wurde die Technologie eigentlich entwickelt, um Gewebe zu züchten, das bei medizinischen Eingriffen wie Transplantationen bei Menschen eingesetzt werden kann (siehe auch das Kapitel Der gedruckte Mensch). Das darauf basierende In-Vitro-Fleisch könnte schon bald unsere Ernährung revolutionieren, denn das neueste Laborfleisch konnte jetzt eine Testgruppe total überzeugen. Beim Geschmack und in der Konsistenz soll man tatsächlich keinen Unterschied mehr zu einem Stück Fleisch feststellen können, für das ein Tier geschlachtet werden muss. Die ersten Produkte sollen noch 2020 für die Gastronomie auf den Markt kommen, und es dauert nicht mehr lange, bis dem Laborfleisch der Weg in die Supermarktregale offensteht. Denn statt Tausenden Euro kostet ein Patty aus diesem Laborfleisch inzwischen nur noch 100 Euro.

Jetzt gibt es noch eine letzte und nicht zu unterschätzende Aufgabe: das künstlich hergestellte Fleisch gesellschaftlich zu etablieren. Umfragen in den USA und Europa zeigen, dass die Verbraucher skeptisch sind. Lediglich 20 bis 50 Prozent der Leute würden Fleisch aus dem Labor probieren. Dennoch bleiben die «Clean Meat»-Macher optimistisch, dass sich die Menschen bei der Auswahl zwischen zwei identischen Produkten langfristig für jenes entscheiden, das sicher, umweltverträglich und menschlich produziert wurde.

Klar ist jedenfalls: Mit der konventionellen Fleischproduktion geht es nicht mehr lange so weiter wie bisher. Die Ressourcen, die dafür gebraucht werden, reichen schon jetzt eigentlich nicht mehr aus. Und vielleicht wird mit dem «Clean Meat» schon bald eine Vision massentauglich gemacht, die helfen kann, eine drohende Katastrophe für Menschen, Umwelt und Tiere noch abzuwenden.

Ist die ganze Welt fraktal?

Was haben Kristalle, die Verzweigungen unseres Blutkreislaufes, Ansammlungen von Sternen- oder Galaxie-Haufen, Polymermoleküle und die Zweige eines Baumes gemeinsam? Viel mehr, als man auf Anhieb vielleicht denken mag. All diese Objekte sind fraktal. Dies bedeutet, dass das große Ganze ein Abbild seiner einzelnen Bestandteile ist. In solch einer Struktur finden sich also überall Wiederholungen ihrer selbst. Und es ist wirklich kaum zu glauben, in welchen Bereichen sich solche fraktalen Objekte wiederfinden. Quasi überall! Und das Verständnis dieses Phäno-

Selbstähnliche Struktur in der Natur: ein Blumenkohlröschen im Aufschnitt.

mens ist wirklich entscheidend und sicher nicht weniger spannend als das Knacken des genetischen Codes oder das Aufspüren der Dunklen Materie.

Die faszinierende Welt des Selbstähnlichen

Aber von vorne: Schon im Jahr 1926 hatte der Physiker Lewis Fry Richardson die ersten Gedankenblitze zum Thema. Es ging um die Frage, ob turbulenter Wind eine Geschwindigkeit hat, wie man diese messen kann und ob das Ergebnis abhängig vom Messverfahren ist. Die Suche nach der Antwort führte ihn auf die Spur der fraktalen Muster. Denn ja, die Strömung hat ein Muster, das sowohl zeitlich als auch räumlich äußerst kompliziert ist. Den Begriff des Fraktalen gibt es seit den 70er Jahren. Er stammt von dem Mathematiker Benoît Mandelbrot, der ihn von dem lateinischen Wort «fractus» (gebrochen) ableitete.

Mandelbrot meinte damit alle Objekte, die auf verschiedenen Größenskalen selbstähnlich sind. Beispiele verdeutlichen das: Der Ast eines Baumes sieht ungefähr so aus wie ein Baum in klein. Die kleineren Röschen des Blumenkohls sehen im Wesentlichen so aus wie der gesamte Kohl. Genauso wie der Farn, ein fast vollkommenes fraktales Objekt. Allesamt designt von der Natur. Mandelbrot gelang es also zu zeigen, dass fraktale Strukturen in der Natur allgegenwärtig sind. Dazu hatte er sich beispielsweise auch mit der Frage herumgeschlagen, wie lang die Küste von Großbritannien ist. Und wie beim Blumenkohl handelt es sich auch bei Küstenlinien um Fraktale. Auch wenn die Selbstähnlichkeit hier nicht perfekt ist, sind Küstenlinien doch – zumindest mehr oder weniger – selbstähnlich.

Betreibt die Natur Mathematik? Auch die Äste eines Baums sind eine fraktale Struktur

Fest steht jedenfalls: Ein Fraktal entzieht sich dem Dimensions-begriff, den wir kennen, ganz und gar. Es ist nicht nulldimensional wie ein Punkt, eindimensional wie eine Linie, zweidimensional wie eine Fläche oder gar dreidimensional wie ein ausgedehnter Körper. Gut erklären lässt sich das eben an der Frage nach der

Länge der britischen Küstenlinie. Wenn man sich auf die Suche nach der Antwort begibt, wird man am Ende eines längeren Messprozesses darauf kommen, dass die Küste womöglich unendlich lang ist. Fängt man an, die Küstenlinie mit einem Lineal in einem Atlas auszumessen, besteht das Problem darin, dass viele kleine Buchten nicht eingezeichnet sind. Eine bessere Karte zeigt diese Details dann, und die verschachtelte Küstenlinie wird länger. Noch genauer und länger würde es wohl werden, wenn man um die Insel läuft und mit einem Zollstock alles genau per Hand ausmisst. Womöglich zentimetergenau.

Gehen wir aber zunächst mal etwas tiefer in die Mathematik. Bekannt geworden sind für die selbstähnlichen geometrischen Strukturen die Begriffe Apfelmännchen oder auch Mandelbrot-Menge, was im Kern dasselbe ist. Diese Menge ergibt sich durch eine eigentlich einfache Rechenanleitung. Zunächst wird eine komplexe Zahl benötigt, die sich aus zwei Bestandteilen zusammensetzt: einem Realteil a und einem Imaginärteil b, der mit i multipliziert wird. Somit sieht eine komplexe Zahl also folgendermaßen aus: $z = a + bi$. Diese komplexe Zahl wird dann gemäß der Rechenvorschrift, die uns zur Mandelbrot-Menge führt, mit sich selbst multipliziert, bevor dann eine zuvor fest gewählte Zahl addiert wird. Auch dieses Ergebnis wird dann mit sich selbst multipliziert, dann wird die fest gewählte Zahl hinzugefügt. Und so weiter ...

Die große Frage lautet dann: Bleibt die so entstehende Zahlenreihe auf einen Bereich beschränkt, oder entstehen immer größer werdende Zahlen? Das Ergebnis liefert dann auch die Antwort auf die Frage, ob die anfangs ausgewählte Zahl zur Mandelbrot-Menge gehört. Das ist nämlich dann der Fall, wenn die Reihe beschränkt bleibt. Zeichnet man die erhaltenen Ergebnisse in ein Diagramm,

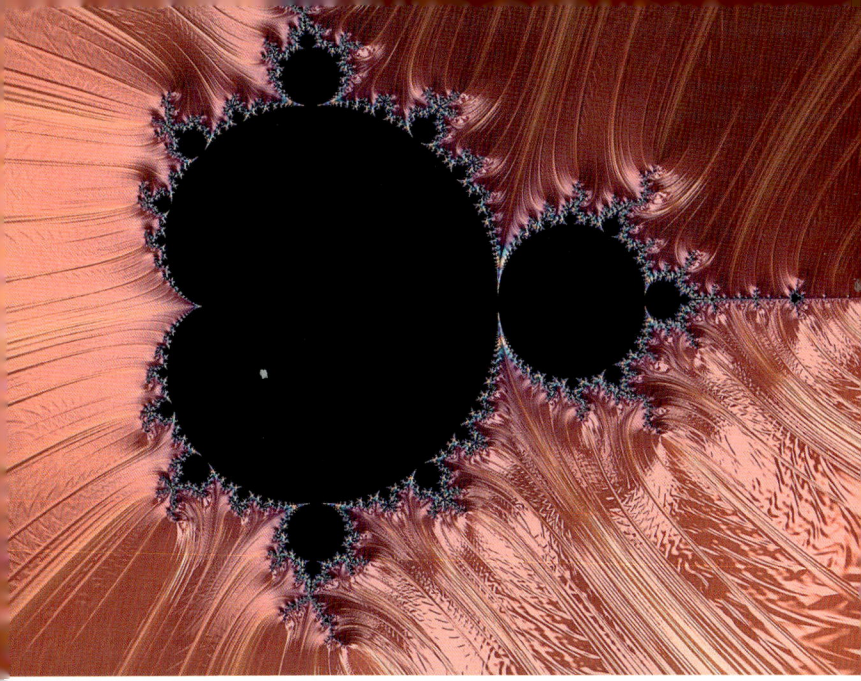

Die bekannteste Mandelbrot-Menge: das Apfelmännchen.

entsteht eben eine solche ästhetische Abbildung. Hierbei werden die Zahlen dann meist auch noch in verschiedenen Farben eingefärbt. Die Struktur in der Mitte (meistens schwarz) bildet die eigentliche Mandelbrot-Menge; hier sind die Zahlenreihen immer beschränkt. Nach außen hin wird es bunter, was deutlich macht, dass die Zahlenfolgen anwachsen. Im äußeren Bereich sind sie dann völlig unbeschränkt.

Und wenn man sich dieses Bild anschaut, bleibt mir persönlich nur noch eines zu sagen: Wow! Denn wie beeindruckend ist es denn bitte, dass durch diese einfachen Rechenschritte ein solch komplexes und gleichzeitig ästhetisches Bild entsteht?! Da soll noch einmal jemand behaupten, dass Mathematik nicht schön ist.

Dazu kommt natürlich noch der Fakt, um den es wirklich geht: Würde man in die Mandelbrot-Menge hineinzoomen, würde man immer weitere Mandelbrot-Mengen finden. Also immer weitere Versionen des ursprünglichen Bildes, die zumindest fast identisch mit ihm sind, selbstähnlich eben.

Zusammengefasst heißt dies also, dass wunderschöne und ästhetische Fraktale durch sehr einfache mathematische Formeln generiert werden können. Und so inspiriert dieses wohl formenreichste geometrische Gebilde nicht nur Mathematiker und Naturwissenschaftler, sondern auch Künstler, Filmemacher und Designer.

Auch in der Musik und in der Literatur kommen Forschungsteams versteckten Fraktalen auf die Spur. 2016 haben polnische Wissenschaftlerinnen und Wissenschaftler beispielsweise 113 Werke der Weltliteratur genauer analysiert. Dabei ging es ihnen um die Wortzahl der Sätze; sie hielten Ausschau nach selbstähnlichen Längen-Verhältnissen. Das Ergebnis: In allen Werken der Weltliteratur – egal ob bei Shakespeare oder bei Thomas Mann – sind fraktale Strukturen von Sprache nachweisbar. Und zwar in Bezug auf die Häufigkeit der Satzlängen als auch in Bezug auf deren Abfolge von kürzer und länger.

Einige Werke zeigten sich bei der Analyse allerdings mathematisch komplexer als andere, darunter auch das Alte Testament. Die Struktur dieser Satzlängen bezeichnen die Studienautoren als Multifraktale. Stanislaw Drozdz, einer der beteiligten Forscher, sagt: «Die Suche nach Fraktalen enthüllt immer wieder die hierarchische Organisation von Phänomenen und Strukturen, die wir in der Natur finden. Es ist daher nicht verwunderlich, dass Sprache, die einen großen evolutionären Sprung der natürlichen Welt darstellt, diese Korrelationen ebenfalls zeigt.»

Aber nicht nur die Literatur, sondern auch die Musik enthält versteckte Fraktale. Das konnte beispielsweise ein Forschungsteam des Max-Planck-Instituts für Dynamik und Selbstorganisation aus Göttingen im Jahr 2015 zeigen. Demnach sind die Mini-Schwankungen, die selbst ein äußerst talentierter Schlagzeuger in Sachen Lautstärke und Rhythmus erzeugt, keineswegs zufällig. Denn sie bilden ein typisch fraktales Muster. Genau gesagt, ähneln die Strukturen in längeren Zeitabschnitten denen in kürzeren Zeitintervallen.

Und eine weitere Erkenntnis der Wissenschaftlerinnen und Wissenschaftler finde ich persönlich wirklich beeindruckend: Demnach machen diese fraktalen Muster unsere Musik erst wirklich besonders. Sie erzeugen also überhaupt erst die Magie, die wir Menschen beim Hören der Musik empfinden. Noch offen bleibt die Frage, wie genau diese fraktalen Muster entstehen. Vorstellbar ist es, dass Gehirnstrukturen dahinterstecken, die selbst auch fraktale Eigenschaften aufweisen.

Mandelbrot hat durch seinen Fraktal-Begriff innerhalb der Mathematik Großes möglich gemacht. Denn erst durch diese Theorie kann sie viel mehr beschreiben als glatte geometrische Objekte wie Dreiecke, Kreise oder Würfel. Durch den Fraktal-Begriff wird die Mathematik also zu einer Weltbeschreibung, die sich mit rauen Oberflächen und sogar unterschiedlichen Graden von Chaos befasst. Denn das steht fest: Chaos und die Theorie der Fraktale sind eng verknüpft. Vereinfacht gesagt: Um die Mandelbaum-Menge zu erhalten, muss man den gleichen Schritt immer wieder tun, ausgehend von einem Startwert; man nennt das Iteration.

Doch sobald die Anfangsbedingungen schwanken, hier also der Startpunkt sich ändert, kann sich auch das Ergebnis erheblich ändern – ein typisch chaotisches Phänomen.

Im Grenzland zwischen Chaos und Ordnung

Und gerade das Chaos scheint im übertragenen Sinne wichtig zu sein. Im menschlichen Körper und auch in anderen Organismen finden sich – wie bereits angesprochen – zahlreiche fraktale, selbstähnliche Strukturen: die Faltung unseres Gehirns, die Blutversorgung und auch das Nervensystem zum Beispiel. Unser Herzschlag folgt genau wie unser Atem einem fraktalen Rhythmus. Ein Grenzbereich zwischen Chaos und Ordnung, der, wie erwähnt, von entscheidender Bedeutung ist. Sowohl zu regelmäßiger als auch zu unregelmäßiger Herzschlag kann lebensbedrohliche Folgen haben.

Zu guter Letzt: Fraktale sind also nicht nur schön, sondern eben auch ganz schön nützlich! Mandelbrot selbst wandte seine Theorie auch auf Finanzmärkte an und hat beispielsweise Börsenkurse als Fraktale beschrieben. Damit wollte der Wissenschaftler helfen, Risiken besser einzuschätzen. Im Reich der Technik verwenden wir solche Strukturen beispielsweise bei Fraktalantennen, die eben durch einen speziellen Aufbau eine breitbandige Sende- und Empfangsqualität ermöglichen. Anstatt viele verschiedene Antennen zu benutzen, die jeweils einen eigenen Frequenzbereich abdecken, ermöglichen die fraktalen Strukturen einer einzigen Antenne für jede Wellenlänge einen Bereich mit einem guten Wirkungsgrad.

Auch auf dem Feld der Medizin kann uns das Verständnis fraktaler Muster nach vorne bringen. Denn sowohl gesunde als auch bösartige Zellen (Krebs) lassen sich mit Hilfe der fraktalen Geometrie charakterisieren. Daraus ergeben sich im Bereich der klinischen Diagnostik neue Anwendungschancen.

Die spannende Frage, die über alldem steht, lautet: Was genau hat die fraktale Mathematik mit der nichtmathematischen Natur zu tun? Oder ist die Natur vielleicht gar nicht so nichtmathematisch, wie sie auf den ersten Blick scheint? Sicher ist jedenfalls: Es ist eine sehr einfache Formel, die eine Unmenge an Phänomenen in der Natur beschreibt, und es ist jedenfalls ein Geniestreich der Natur, mit einer so einfachen Formel so komplexe Strukturen entstehen zu lassen. Die Betrachtung dieser Fraktale hilft uns ungemein, Phänomene aus der Natur und ihr Wachstum besser darzustellen, zu berechnen und zu verstehen. Es ist eine Art Schlüssel zur Natur. Forschungsteams weltweit sind der fraktalen Welt auf der Spur. Sie haben das große Ziel, sie auf Basis der Naturgesetze besser zu verstehen. Es scheint ein großes Geheimnis hinter diesem Phänomen zu stecken.

Dunkle Materie –

überall und nicht zu finden!

Ein wirklich verflixtes und gleichzeitig mysteriöses Ding ist sie, diese Dunkle Materie. Und gleichzeitig ist dieser Stoff entscheidend für wohl alles, was überhaupt existiert. Denn Dunkle Materie macht Schätzungen zufolge bis zu 27 Prozent des Universums aus; hinzu kommen noch knapp 69 Prozent Dunkle Energie. Die normale sichtbare Materie im Universum, also alle Galaxien, Sterne und eben auch wir, machen dagegen nur einen winzigen Anteil von 4,9 Prozent aus. Das sagt der aktuelle Stand der Physik.

Vorstellen kann man sich die Dunkle Materie demnach vielleicht als sehr feinen und nicht sichtbaren Nebel, der zwischen den Sternen wabert. Doch obwohl sie nicht direkt sichtbar ist, macht sich Dunkle Materie indirekt bemerkbar. Und zwar durch ihre Gravitation, die ganze Galaxien um sich gruppiert und die auseinanderfliegen würden, wenn es die Dunkle Materie nicht gäbe. Den gängigen Theorien zufolge ist Dunkle Materie also durch ihre Wirkung als eine Art Klebstoff dafür verantwortlich, dass wir überhaupt existieren! Denn sie hat nach dem Urknall dafür gesorgt, dass sich normale Materie überhaupt zu Galaxien und Sternen verdichten konnte. Doch es gibt ein großes Problem – und das macht Forschungsteams weltweit mehr als fuchsig. Dunkle Materie ist unsichtbar; sie sendet weder Licht aus noch reflektiert sie dieses. Noch nie hat sie irgendjemand gesehen – ihr direkter Nachweis steht also bis heute aus.

Und doch gibt es zahlreiche Indizien, die für die Existenz der Dunklen Materie sprechen. Angestoßen wurde das Rätsel schon in den 30er Jahren. Der Schweizer Astronom Fritz Zwicky stellte fest, dass sich die Galaxien des «Coma-Galaxienhaufens», immerhin über 1000 Einzel-Galaxien umfassend, so unterschiedlich schnell bewegen, dass sich die Kraft, die diesen Haufen dennoch zusammenhält, nicht mit der Schwerkraft der sichtbaren Materie in diesen Galaxien allein erklären lässt. Das 400fache der sichtbaren Masse wäre nach seiner Berechnung dafür notwendig gewesen.

Spätere Beobachtungen untermauerten diese Erkenntnis: Galaxien drehen sich viel zu schnell um ihre eigene Achse, als sich dies mit unseren bisherigen Erkenntnissen erklären ließe. Denn eigentlich müssten die außen liegenden Sterne umso langsamer rotieren, je weiter sie vom Galaxien-Zentrum entfernt sind. Doch ihre Umlaufgeschwindigkeit bleibt mit wachsendem Abstand zum Zentrum konstant und nimmt in manchen Fällen sogar zu. Dass sie nach den Gesetzen der Physik (Gravitationsgesetz und Drittes Kepler'sches Gesetz) allerdings vielmehr abnehmen müsste – diesen Widerspruch erklären Physikerinnen und Physiker eben mit der Existenz der Dunklen Materie. Ihre Existenz zeigt sich demnach wirklich nur durch ihre gravitative Wechselwirkung mit herkömmlicher Materie.

Eines der großen Rätsel der Kosmologie

Zudem gibt es auch einige Messmethoden, die auf Dunkle Materie hinweisen; beispielsweise das Verfahren des Gravitationslinseneffekts, die Ablenkung des Lichts durch die Schwerkraft großer Massen. Dabei macht man sich zunutze, dass die typischen Formen von Galaxien bekannt sind. Wenn sich also Lichtstrahlen einer weit entfernten Galaxie auf den Weg zur Erde machen und dabei an schweren Galaxien vorbeikommen, werden sie abgelenkt. So wird das Bild der Ursprungsgalaxie verzerrt. Durch die Art der Verzerrung können Forschungsteams auf die Massenverteilungen schließen, die das Licht abgelenkt haben. Und auch diese lassen sich nicht allein mit der Schwerkraft sichtbarer Materie erklären.

Das heißt: Obwohl ihre Existenz bereits vor über 80 Jahren postuliert wurde, gehört das Rätsel rund um die Dunkle Materie immer noch zu den wichtigsten ungeklärten Fragen der Physik und Kosmologie. Wir haben es hier also quasi mit dem «Heiligen Gral» der modernen Naturwissenschaften zu tun. Und so läuft schon seit vielen Jahren ein unerbittlicher und äußerst spannender Wettstreit zwischen Forschungsteams weltweit, sie endlich aufzuspüren und dingfest zu machen. Doch wie genau soll dies möglich sein?

Weitestgehend einig sind sich Wissenschaftlerinnen und Wissenschaftler derzeit, dass die mysteriöse Dunkle Materie aus noch unentdeckten Elementarteilchen besteht. Diese gehen wohl auf den Urknall vor 13 Milliarden Jahren zurück, durch den das heutige Universum überhaupt erst entstand. Diese mysteriösen Dunkle-Materie-Teilchen sind der Theorie zufolge in der Lage, alles im Universum einfach so zu durchqueren. Diese Eigenschaft hat die Partikel auch zu ihrem Namen gebracht: Weakly Interacting Massive Particles (WIMP). Übersetzt in etwa: «schwach wechselwirkende massereiche Teilchen». Man geht davon aus, dass die auch als «Schwächlinge» (nach dem englischen Wort «wimp») bezeichneten Partikel eine große Masse haben, elektrisch neutral sind und eben nur in geringem Umfang mit anderen Teilchen wechselwirken. Selbst im Large Hadron Collider, dem Teilchenbeschleuniger in Genf, hat man sie nicht aufgespürt. Es ist einfach verhext.

Und diese hypothetischen Partikel sind uns viel näher, als man vielleicht denken mag. Theoretischen Berechnungen zufolge könnten in jeder Sekunde auf der Erde rund 100 000 dieser Teilchen durch die winzige Fläche in der Größe eines Fingernagels

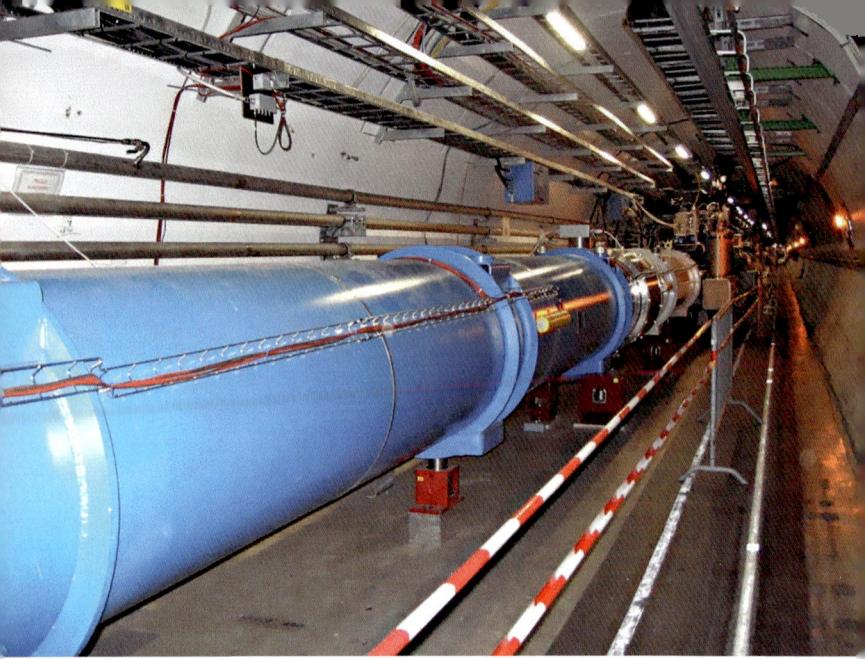

Endlose Längen, um in endlosen Weiten die Welt des Allerkleinsten zu verstehen: Blick in Tunnel 1 des LHC-Teilchenbeschleunigers bei CERN in Genf. Genau genommen sind es 26 659 Kilometer.

hindurchrasen. Und dabei machen sie weder vor Gebäuden, Bäumen, ganzen Planeten noch vor uns Menschen halt. Eine kuriose Vorstellung – vor allem, wenn man bedenkt, dass wir nichts davon auch nur im Geringsten mitbekommen! Um es aber noch einmal klar zu sagen: Diese Dunkle-Materie-Teilchen sind bislang nur hypothetisch und wurden einzig und allein postuliert, um das Dunkle-Materie-Problem zu verstehen. Und somit wäre die Entdeckung und der Nachweis dieser WIMPs sicherlich einen Nobelpreis wert! Denn das Standardmodell der Teilchenphysik beinhaltet kein einziges Teilchen, das alle Eigenschaften eines WIMPs vereint. Alle uns bekannten Teilchen, die eben nur schwach mit Materie wechselwirken, sind sehr leicht und bewegen sich schnell.

Auch wenn die Entdeckung der WIMPs tatsächlich eine Sensation wäre, scheint sie keineswegs völlig abwegig. Und so laufen seit Jahrzehnten auf der ganzen Welt zahlreiche Versuche, um der Dunklen Materie endlich auf die Schliche zu kommen. Der Optimismus ist noch nicht ganz verflogen, und die akribische Suche geht weiter. Zwei Möglichkeiten stehen derzeit zur Auswahl, den WIMPs auf die Schliche zu kommen: ein indirekter und ein direkter Nachweis.

Auf der Jagd nach kleinsten Teilchen

Für den indirekten Nachweis ist die Entdeckung derjenigen Strahlung ausschlaggebend, die entsteht, wenn sich zwei WIMPs treffen. Dabei werden hochenergetische Photonen und Neutrinos ausgesendet. Man geht davon aus, dass sich die WIMPs aufgrund der gravitativen Wechselwirkung vor allem in massereichen großen Objekten wie etwa der Sonne oder dem Galaktischen Zentrum sammeln. Hier ist also auch die Wahrscheinlichkeit besonders hoch, dass sie aufeinandertreffen. Der Nachweis der dabei entstehenden Strahlung ist die Grundidee der indirekten WIMP-Jagd. Neutrinoteleskope können die bei diesen Prozessen entstehenden Neutrinos detektieren.

Ein solcher Versuchsaufbau, WIMPs indirekt nachzuweisen, ist beispielsweise das sogenannte H. E. S. S.-Experiment. Es befindet sich in Namibia 1800 Meter über dem Meeresspiegel. Dort suchen mehrere Cherenkov-Teleskope nach hochenergetischer Gammastrahlung aus dem Weltall, die den Modellen zufolge (vereinfacht gesagt) aus der Annihilation (Auslöschung) von Dunkle-Materie-

Teilchen entsteht. Die eingesetzten Teleskope stehen auf den Eckpunkten eines Quadrats, dessen Fläche mehr als 14000 Quadratmeter misst. Es ist das derzeit größte Spiegelteleskop der Erde. Seine ebenfalls gigantischen Spiegelflächen erhöhen die Wahrscheinlichkeit, dass ein Gammaquant, also ein Partikel der Gammastrahlung, detektiert werden kann.

Das H.E.S.S.-Experiment ist auch an das Alarmsystem des Neutrino-Observatoriums am Südpol («IceCube South Pole Neutrino Observatory) angegliedert. Hier wird die Cherenkov-Strahlung in der Tiefe des ewigen Eises durch über 5000 optische Messmodule eingefangen. Und zwar in mehreren Kilometern Tiefe. Das Alarmsystem des IceCube hat zum Ziel, Astronomie-Teams weltweit sofort über Richtung und Energie registrierter Neutrinos zu informieren. So schnell wie möglich sollen dann alle verfügbaren Messgeräte und Teleskope auf den identifizierten Himmelsbereich gerichtet werden.

Ende September 2017 gelang dann der große Erfolg, an dem auch das H.E.S.S.-Experiment beteiligt war. Vier Weltraumteleskope konnten die Quelle registrierter Neutrinos identifizieren: eine aktive Galaxie, also eine große Galaxie mit einem riesigen Schwarzen Loch im Zentrum. Sie liegt rund 5,7 Milliarden Lichtjahre entfernt um den Blazar TXS 0506+056. Ein Blazar ist ein aktiver Galaxienkern, dessen Jets genau in Richtung Erde zeigen. Tatsächlich könnte diese Gammastrahlung bei der Auslöschung von WIMPs entstanden sein.

Dennoch ist nicht ganz auszuschließen, dass diese Modelle, denen zufolge zahlreiche WIMPs von großen massereichen Objekten eingefangen werden und zerstrahlen, entweder unvollständig oder gar falsch sind. Somit wäre ein direkter Nachweis der WIMPs umso besser. Dieser Weg führt über die Streuprozesse der eigentlich gesuchten Teilchen. Ein vielversprechender Versuchsaufbau

Um das Galaxiencluster SDSS J1038+4849 erscheint in dieser Hubble-Aufnahme ein Smiley. Wenn man genauer hinschaut, bestehen die Linien aber aus Galaxien. Ihr Licht wurde durch die starke Gravitation zu einer Gravitationslinse gebogen, sodass das Gesicht entstand.

zur direkten Suche nach Dunkler Materie ist das deutsch-britische CRESST-Experiment im italienischen Gran-Sasso-Tunnel. CRESST steht für «Cryogenic Rare Event Search with Superconducting Thermometers» – quasi also die Tieftemperatur-Suche nach seltenen Ereignissen, und zwar mit Hilfe supraleitender Thermometer. Um die kosmische Strahlung abzuschirmen, geht man hier 1400 Meter unter der Erde auf die intensive Suche nach ebendiesen mysteriösen WIMPs. Es ist das größte Untergrund-Labor der Welt.

Aufgespürt werden soll ein Lichtblitz, der entsteht, wenn ein solches Teilchen mit dem Atom im Kristall zusammenstößt. Der Plan sieht vor, dieses Licht dann mit Spiegeln auf einen Tieftemperatur-Sensor zu lenken, wodurch sich dieser erwärmt. Dadurch will das Forschungsteam dann letztlich die Lichtenergie ableiten. Das größte Problem hierbei ist übrigens die natürliche Radioaktivität, die in Form von kleinsten Spuren instabiler Isotope auftritt – und zwar überall. Sie können in den Detektoren des Experiments für Verwirrung sorgen, denn sie rufen dort ein ähnliches Signal hervor wie die WIMPs.

Mehrere Phasen hat das CRESST-Experiment bislang durchlaufen. Im Jahr 2011 gab es dann eine erste kleine Erfolgsmeldung: einen Signalüberschuss, den die beteiligten Forschungsteams als ein erstes Indiz für ein leichtes Dunkle-Materie-Teilchen interpretierten. Andere Wissenschaftlerinnen und Wissenschaftler dagegen bleiben diesbezüglich skeptisch. Derzeit soll das CRESST-Experiment jedenfalls mit anderen schon bestehenden Experimenten zusammengespannt werden, um einen Detektor mit einer Tonne Detektormasse zu realisieren.

Ein weiterer vielversprechender internationaler Versuchsaufbau befindet sich ebenfalls in einem unterirdischen Labor in Italien. Hier ist man mit Hilfe des Detektors namens XENON1T ebenfalls auf der direkten Suche nach Dunkler Materie. Minus 95 Grad Celsius kaltes Xenon befindet sich bei diesem Versuchsaufbau in einem Isoliergefäß, in dem sich die Wechselwirkung eines Xenon-Atoms mit einem WIMP zum einen durch ein schwaches Lichtsignal und zum anderen durch freigesetzte Elektronen zeigen würde. Letzteres hätte weitere leicht verzögerte Lichtsignale zur Folge. Beide Signale sollen dem Plan zufolge dann durch hochempfindliche Lichtsensoren registriert werden, sodass das Forschungsteam die freigesetzte Energie sowie den genauen Ort des Ereignisses ableiten kann.

Auch bei diesem Versuchsaufbau war die Reduktion von kosmischer Strahlung und natürlicher Radioaktivität eine der größten Herausforderungen. Trotzdem gibt es pro Jahr etwa 232 solcher

Signale. Jetzt ist aber etwas Seltsames passiert. Diese Zahl ist zwischen Februar 2017 und Februar 2018 deutlich gestiegen, um mehr als 20 Prozent. Statt 232 Lichtblitzen waren es 285, 53 Signale mehr. Mit den erwarteten Störsignalen ist ein solch signifikanter Anstieg nicht zu erklären. Die Fachleute können diesen Überschuss nicht eindeutig zuordnen. Und diese zusätzlichen Lichtsignale sorgten im Juni 2020 für extreme Aufregung in der Wissenschafts-Community. Denn sie könnten von den sogenannten Axionen stammen. Das sind bislang nur hypothetische Teilchen, die aber als aussichtsreiche Kandidaten für die mysteriöse Dunkle Materie gelten. Laut der beteiligten Wissenschaftlerinnen und Wissenschaftler ist es sogar sehr wahrscheinlich, dass es sich um diese extrem leichten Partikel handelt. Und das wäre nichts weniger als eine echte Sensation. Aber die Klärung, ob es tatsächlich der erste Fund des Teilchens der Dunklen Materie ist, oder eben nicht, das wird noch eine Weile dauern. Es könnte wie so oft in der Wissenschaft sein. Außer Spesen nichts gewesen. Der Ereignis-Überschuss lässt sich mit bekannten Phänomenen erklären.

Also vor allem schlechte Nachrichten für die Jäger der Dunklen Materie in den vergangenen Jahren. Manche Forschungsteams fangen jetzt tatsächlich an, die Gesetze der Gravitation zu bezweifeln. Und damit kommen wir zu den sogenannten Neutralinos. Diese hypothetischen Teilchen gelten in der supersymmetrischen Erweiterung des Standardmodells der Teilchenphysik als geeignete WIMP-Kandidaten. Dazu muss man allerdings wissen, dass auch diese Supersymmetrie selbst bisher nicht mehr als eine Vermutung ist. Solch ein Teilchen wäre quasi sein eigenes Antiteilchen. Treffen sich zwei Neutralinos im All, löschen sie sich gegenseitig aus, so die These. Bei diesem Prozess würden Gammastrahlen entstehen, die aus Richtung des galaktischen Zentrums, wo sich besonders viel Dunkle Materie befindet, zur Erde dringen.

Doch gleich mehrere aktuelle Studien legen nahe, dass dieser Überschuss an Gammalicht eben nicht seine Ursache in der Dunklen Materie hat. Stattdessen sind wohl Kollisionen zwischen Gaswolken und Atomkernen, Supernova-Überreste und zahlreiche Pulsare dafür verantwortlich. Auch die Ergebnisse der 2018 im Fachmagazin *Nature Astronomy* erschienenen Studie von Virginia Polytechnic Institute and State University sprechen beispielsweise gegen die Dunkle Materie als Quelle. Die durchgeführte Computersimulation rund um Pulsare und die Gasströme, die sich um den Mittelpunkt der Milchstraße bewegen, erkläre die Gammastrahlen-Emissionen besser als eine Wolke aus Dunkler Materie, die das Galaktische Zentrum umhüllt. In diesem Kontext hoffen Forschungsteams auf die verbesserte Leistung von Radioteleskop-Projekten schon in der nahen Zukunft. So sollte beispielsweise das südafrikanische MeerKAT-Teleskop schon in wenigen Jahren in der Lage sein, Millisekunden-Pulsare aufzuspüren. Ihre Entdeckung könnte allerdings im schlimmsten Fall das Ende des Traums von der Entdeckung Dunkler Materie im galaktischen Zentrum bedeuten.

Die Nadel im Heuhaufen

Die Suche nach der Dunklen Materie gestaltet sich derzeit also deutlich aussichtsloser als die gefürchtete Suche nach der Nadel im Heuhaufen. Und die bisherigen Erfolge, die verbucht werden konnten, bestehen leider aus dem Ergebnis, dass die Nadel trotz intensiver Suche noch nicht gefunden wurde. Doch auch das ist ein Ergebnis. Das große Problem liegt einfach darin, dass niemand genau weiß, wo und wie man nach den WIMPS suchen muss.

Teilchenphysiker setzen jedoch immer noch große Hoffnungen

Blick in den «Maschinenraum» des XENON1T-Experiments: links der Xenon-Tank und rechts eine dreistöckige Bedienungseinheit.

in die Forschung am Large Hadron Collider (LHC) in Genf. Denn fest steht: Die Pläne der Europäischen Organisation für Kernforschung CERN für den Nachfolger des weltgrößten Teilchenbeschleunigers LHC sind wirklich mehr als beeindruckend. Der neue ultimative «Future Circular Collider» soll nicht nur viermal so lang werden wie der LHC, sondern auch eine Kollisionsenergie erreichen können, die mehr als siebenmal so groß ist wie die der finalen Ausbaustufe des LHC. Hier sollen dann nicht nur neue Teilchen entdeckt werden. Mit dem Riesen-Teilchenbeschleuniger könnte dann womöglich endlich auch geklärt werden, woraus die mysteriöse Dunkle Materie besteht. Auch der Nachweis erster supersymmetrischer Teilchen könnte gelingen – wenn es sie gibt. Denn wie der Teilchenbeschleuniger LHC am CERN ahmt sein Nachfolger die Bedingungen kurz nach dem Urknall nach. Mit beinahe Lichtgeschwindigkeit werden zwei Protonenstrahlen in entgegengesetzter Richtung aufeinander gejagt. Wenn sie sich treffen, wird Kollisionsenergie frei. Ihre Energiedichte ist gigantisch. Die dadurch entstehende Materie könnte unbekannte Teilchen enthalten, so die Hoffnung der Forschungsteams.

Die Idee dahinter ist ganz einfach: Die Energie, die bei der Protonen-Kollision entsteht, muss derjenigen Energie entsprechen, die anfangs investiert wurde. Und das ist messbar – messbar genauso wie alle bekannten Teilchen. Dies bedeutet im Umkehrschluss: Wenn alle bekannten Teilchen gemessen wurden und Energie fehlt, ließe dies auf ein «unsichtbares» Teilchen schließen. Erst wenn wir Dunkle Materie verstehen, können wir vielleicht besser nachvollziehen, wie das Universum entstanden ist und sich entwickelt hat. Ihre Entdeckung wäre vergleichbar mit der Entdeckung eines neuen Kontinents.

Doch die Physik muss sich vielleicht mit einer unbequemen Idee anfreunden: dass es eben gar keine Dunkle Materie gibt. Denn es darf nicht vergessen werden: Dunkle Materie und auch Dunkle Energie sind zunächst einmal Hilfskonstruktionen, um die beobachtete Drehbewegung von Galaxien zu erklären und – mit der Dunklen Energie – die beschleunigte Ausdehnung des Universums. Aber vielleicht gibt es dafür auch eine andere «unmögliche» Erklärung, und die Forschung hat sich in den letzten Jahrzehnten irrtümlich auf die Dunkle Materie und die Dunkle Energie konzentriert.

Schwarze Löcher –

unvorstellbare Realität

Das war 2019 eine absolute Sensation: Jahre vorher angekündigt, wartete die Welt gespannt auf das erste Bild von einem Schwarzen Loch. Und als es dann kam, war es schärfer noch, als man erhoffen konnte. Aufgenommen wurde das zentrale Schwarze Loch in der fernen Galaxie Messier 87 (M87), 6,5 Milliarden Sonnenmassen schwer mit einem Durchmesser von 39 Milliarden Kilometern. Das ist rund 260-mal der Abstand der Erde von der Sonne; es ist eines der größten bekannten Schwarzen Löcher überhaupt.

Aber was ist das Besondere an Schwarzen Löchern? Eine grundlegende Eigenschaft eines Schwarzen Loches hat quasi jeder Gegenstand, sogar ein Atom: den Schwarzschildradius. 1916 kam der deutsche Astronom Karl Schwarzschild auf die Idee, dass es bei jeder Masse einen kugelförmigen Horizont geben müsse, an dem die Gravitation so groß ist, dass nichts mehr aus dieser Kugel entweichen kann. Bei jedem Objekt, das wir mit bloßem Auge sehen können, ist der Radius dieser gedachten Kugel so klein, dass sich praktisch die gesamte Masse des Objekts außerhalb der Kugeloberfläche – des Ereignishorizonts – befindet und damit sichtbar ist.

Die Erde hat einen Schwarzschildradius von 8,9 Millimetern, der Mond von 0,1 mm. Bei der Sonne, sie hat eine Masse von zwei Quintillionen Kilogramm, beträgt er drei Kilometer. Würde also die Masse der Sonne durch ihr eigenes Gewicht auf eine Größe unter diesem Radius zusammenstürzen, dann entstünde theoretisch ein Schwarzes Loch. In der Praxis würde es dazu aber nicht kommen, denn das Eigengewicht der Sonne reicht dazu nicht aus. Bei Sternen aber, die deutlich schwerer als die Sonne sind, pas-

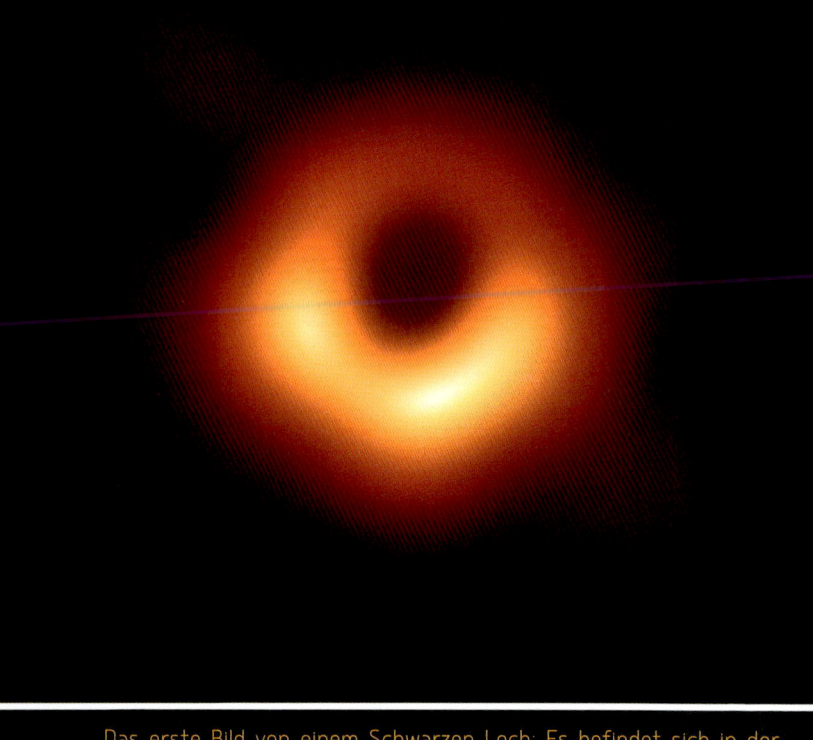

siert das durchaus. Wenn am Ende die Kernfusion im Stern zum Erliegen kommt und er als Supernova explodiert und dann mehr als die dreifache Sonnenmasse übrigbleibt, ist das Eigengewicht so stark, dass die Gravitation, die Krümmung der Raumzeit gemäß der allgemeinen Relativitätstheorie, sie zu einem Schwarzen Loch zusammenstürzen lässt. Die Bindungskräfte in den Atomen sind dann zu schwach, um gegen die Gravitation anzukommen.

Einstein hatte die Schwarzen Löcher theoretisch vorausgesagt, aber nicht an ihre Existenz geglaubt. Zu verrückt erschien ihm diese eigene Idee. Aber warum krümmt denn Masse die Raumzeit? Kurz zur Erinnerung: Masse zieht Licht an. Da Licht aber eine feste Geschwindigkeit hat, kann es nicht beschleunigt werden. Damit das Licht nicht beschleunigt werden muss, wird der Raum kleiner. Er wird zusammengedrückt. Wir erleben das hier auf der Erde ganz direkt, wenn wir durch die Gravitation auf die Erde gezogen werden, eine ganz konkrete Folge der Krümmung der Raumzeit. Und je stärker die Gravitation ist, desto weniger kommen andere Kräfte gegen sie an, zum Beispiel die in einem Atomkern. Man könnte sich das so vorstellen: Die Gravitation wird so stark, dass, auf unsere Erde übertragen, Berge in sich zusammenstürzen, wir in die Erde gesogen und alles immer und immer dichter würde, dadurch die Kräfte noch stärker werden, weil sich die Masse auf eine noch kleinere Kugel verdichtet und am Schluss … ja, am Schluss … Forschungsteams weltweit vermuten einen unendlich kleinen Punkt im Zentrum eines Schwarzen Loches. Die Singularität.

In jeder Galaxie ein Schwarzes Loch

Wahrscheinlich gibt es auch in den Zentren aller Galaxien so ein Schwarzes Loch. Jones in der Riesengalaxie M87 im Sternbild der Jungfrau ist selbst riesig, absolut gigantisch, und enthält die Masse von Milliarden Sternen. Ein supermassereiches Schwarzes Loch. Im Zentrum unserer Milchstraße gibt es ebenfalls ein solches Schwarzes Loch: Sagittarius A* im Sternbild des Schützen (Sagittarius ist lateinisch für Schütze). Entdeckt wurde es durch die Beobachtung der Sterne, die es umkreisen. Um das Zentrum unserer Milchstraße rasen nämlich Sterne mit einem Affenzahn, der schnellste von ihnen mit einem Tempo von 18 Millionen Kilometern pro Stunde. Alle 15 Jahre macht er die Runde um Sagittarius A*, das galaktische Zentrum. Das supermassive Schwarze Loch Sagittarius A* hat eine Masse von 3,7 Millionen Sonnenmassen.

Das ist viel, aber kein Vergleich eben mit jenem in M87 und seinen 6,5 Milliarden Sonnenmassen, ebenjenem, von dem die erste Aufnahme eines Schwarzen Lochs gemacht werden konnte. Zwar ist diese Galaxie mit mehr als 55 Millionen Lichtjahren viel weiter entfernt als das Schwarze Loch im Zentrum unserer Milchstraße, das sich «nur» rund 27 000 Lichtjahre von uns befindet. Aber es ist dennoch leichter beobachtbar, da der Blick auf das Zentrum der Galaxie, anders als in der Milchstraße, relativ frei ist. Schon 1918 wurde ein Jet aus dem Zentrum der Galaxie beobachtet, der eben auf ein aktives Schwarzes Loch schließen lässt. Jets sind eng gebündelte Materiestrahlen, die mit nahezu Lichtgeschwindigkeit einige tausend Lichtjahre weit ins All fliegen, im Falle von M87 sind es 5000.

Wenn wir jetzt also das erste Bild eines Schwarzen Loches sehen, dann sehen wir direkt die Wirkung der allgemeinen Relativitätstheorie, eine unglaublich starke Wirkung der Krümmung von Raum und Zeit. Was wir in Form der ersten Gravitationswellen hier auf der Erde nur ganz schwach gemessen haben, die Raumzeitkrümmung, sie ist dort gigantisch. Zum ersten Mal in der Geschichte der Menschheit sehen wir ein Schwarzes Loch. Wir sehen die heiße Akkretionsscheibe um das Loch herum, in die die Materie stürzt, die durch eine Rotationsgeschwindigkeit von etwa 3,6 Millionen Kilometer pro Stunde unglaublich aufgeheizt wird und deshalb so hell leuchtet. 100 Milliarden Kilometer Durchmesser hat der Schwarze Schatten in der Mitte, der Ereignishorizont des Schwarzen Loches, der alles Licht und alle Materie hinter sich verschwinden lässt.

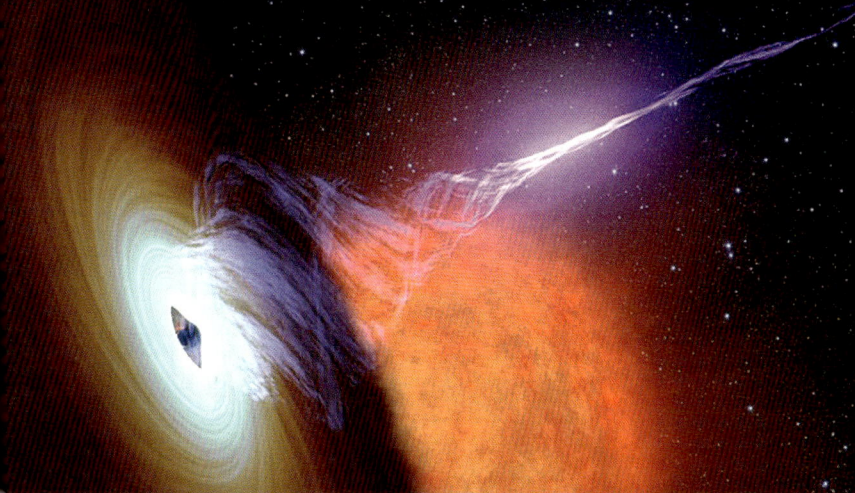

Ein Schwarzes Loch mit Akkretionsscheibe, die Materie an das Loch heranzieht, und Jet, einem Materiestrahl, den das Loch Tausende Lichtjahre unter Hochdruck von sich wegschleudert. Warum, ist noch weitgehend unerforscht.

Trotz immer mehr Entdeckungen rund um Schwarze Löcher bleiben sie rätselhaft. Wir können eben nur ihre Silhouette sehen. Wir können nicht dahinterschauen und wissen deshalb nicht, ob es zum Beispiel die theoretisch vorhergesagte Singularität wirklich gibt. Wir wissen auch nicht genau, wie viele es gibt. Könnten sie vielleicht den Effekt hervorrufen, für den die hypothetische Dunkle Materie verantwortlich gemacht wird? Und es gibt eine absolut bemerkenswerte Theorie zur Zeit in Schwarzen Löchern: Je stärker die Gravitation eines Schwarzen Loches, desto stärker ist ja die Krümmung der Raumzeit. Das heißt, dass die Zeit in einem Schwarzen Loch nahezu unendlich langsam abläuft, sie also wahrscheinlich nur aus einer hypothetischen eigenen Perspektive nur für wenige Sekunden existieren und dann wieder zerstrahlen, wenn am Ende die Masse so klein ist, dass ihr Volumen wieder größer als der Schwarzschildradius wäre.

Standbild einer NASA-Animation, die dem Schwarzen Loch «Gargan-
tua» aus Christopher Nolans Film *Interstellar* ähnlich ist. Infolge der
Beratung durch Physik-Nobelpreisträger Kip Thorne kommt diese
Abbildung der Wirklichkeit derzeit am nächsten.

Das sagte nämlich Stephen Hawking voraus: Da Schwarze
Löcher am Ende durch die Hawking-Strahlung langsam an Masse
verlieren, werden sie sich auch wieder auflösen. Hintergrund der
Hawking-Strahlung: Am Ereignishorizont bilden sich verschränkte
Teilchen. Nicht alle dieser Teilchen fallen zurück ins Schwarze
Loch, weil sie ja am Ereignishorizont die Chance haben, das
Schwarze Loch zu verlassen.

Schwarze Löcher strahlen also Energie ab. Und da sich nach
Einstein Masse und Energie ineinander umrechnen lassen, verlieren Schwarze Löcher nach Hawking Masse – so lange, bis nichts
mehr von ihnen übrig ist, sie sich buchstäblich in Nichts aufgelöst
haben. Expertinnen und Experten haben das mal hochgerechnet.
Sie rechnen damit, dass wir schon bald das erste Zerstrahlen von
Schwarzen Löchern beobachten können.

Bleibt es bei Warp null?

Die Relativitätstheorie hat uns unsere Grenzen aufgezeigt. Und die lauten zusammengefasst: Wir kommen hier nicht weg. Das Universum ist eigentlich für jeden Bewohner ein Gefängnis; es ist unmöglich, darin größere Distanzen zu überwinden. Denn je schneller wir reisen, desto schwerer werden wir. Die Zeit vergeht schneller, wodurch wir in die Zukunft reisen, und es wird immer mehr Energie benötigt, um auch nur ein wenig zu beschleunigen. Und mit heutigen Antrieben würde es Jahre dauern, und die benötigte Treibstoffmenge wäre unermesslich.

Es gibt also zahlreiche Grenzen, die unüberwindlich erscheinen. Wir sehen es ja schon daran, dass Entfernungen im Weltall in Lichtjahren angegeben werden. Ein Lichtjahr ist die Entfernung, die ein Lichtstrahl in einem Jahr zurücklegt, und schneller als Licht können wir uns nicht im Raum bewegen. Und selbst die Lichtgeschwindigkeit wäre eben nur mit einem nicht zu bewältigenden Aufwand zu erreichen. Science-Fiction-Autoren haben eine Lösung für dieses Problem gefunden: den Warp-Antrieb. Schon 1948 schrieb Chester S. Geier in seinem Roman «The Flight to the Starling» davon. Und wir alle kennen den Warp-Antrieb aus Star Trek von Gene Roddenberry.

Nicht selten liegen Science-Fiction-Autoren ja gar nicht so falsch. Jules Verne hat die Mondlandung vorausgesehen, und sein U-Boot Nautilus war atomgetrieben. Das war damals schon verrückt. Und liegen jetzt vielleicht Science-Fiction-Autoren mit dem Warp-Antrieb richtig?

Die Idee dahinter stammt aus der Physik. Durch die Rotverschiebung von Licht im Universum wissen wir, dass sich das Universum ausdehnt – und zwar der Raum selbst. Für den gilt das

Gesetz der unabänderlichen Lichtgeschwindigkeit nämlich nicht. Licht aus entfernten Galaxien kommt bei uns rotverschoben, also mit einer niedrigeren Wellenlänge, an. Es wurde quasi verlangsamt. Allerdings ist das de facto nicht der Fall. Der Raum, in dem es sich bewegt, hat sich währenddessen vielmehr ausgedehnt. Raum kann sich vollkommen unabhängig bewegen, und das auch schneller als das Licht. Die Idee für den Warp-Antrieb ist deshalb simpel und genial: Dann verändern wir doch einfach den Raum und verkürzen die Strecke zwischen Start und Ziel. Wir warpen ihn; wir drücken ihn zusammen. Das ist die Idee vom Warp-Antrieb. Das Raumschiff drückt den Raum vor sich zusammen und dehnt ihn hinter sich wieder.

Aber wie müsste ein solcher Antrieb gebaut sein? Da stoßen wir ganz schnell an ein paar Hindernisse. Zum ersten Mal hat der mexikanische Physiker Miguel Alcubierre Moya das durchgerechnet. Allerdings war für seinen Antrieb so viel Materie mit negativer Masse nötig, dass es nicht so praktikabel war. Zehn Milliarden Mal mehr solcher Materie war nötig, als wir ganz normale Materie im Universum haben. Inzwischen wurde an Alcubierres Gleichungen einiges verbessert, und der Bedarf konnte deutlich reduziert werden. Der US-Forscher Harold G. White rechnete die benötigte Menge auf einige hundert Kilogramm herunter.

Aber wofür wird Materie mit negativer Masse benötigt, und was muss man sich darunter vorstellen? Die Idee ist dabei, dass Materie mit positiver und Materie mit negativer Masse gegenseitig mit dem Raum interagieren und ihn wie erwähnt vor dem Raumschiff komprimieren und dahinter wieder expandieren. Normale Materie würde dabei Gravitation erzeugen und die Materie mit negativer Masse Anti-Gravitation. Und wir wissen ja aus der allgemeinen Relativitätstheorie, dass Gravitation die Raumzeit krümmt.

Der Warp-Antrieb drückt den Raum zum Wurmloch zusammen, wie ein Künstler es für die NASA sieht.

So weit, so gut. Es gibt nur einen kleinen Haken: Materie mit negativer Masse. Die existiert nämlich nicht im Universum. Wie kann sie also erzeugt werden? Tatsächlich ist das einem Forschungsteam bereits gelungen; es hat ein Bose-Einstein-Kondensat mit negativer Masse erzeugt. Das entsteht, wenn man Atome eines Gases annähernd auf den absoluten Nullpunkt von minus 273,15 Grad Celsius heruntergekühlt. Dann befinden sie sich in einem extremen Aggregatzustand, sie bilden das Bose-Einstein-Kondensat, kurz BEK. Das Besondere daran ist: Diese Atome verhalten sich wie ein einziges Atom. Und dieser Atomkomplex schwingt dann wellenartig im Gleichtakt, man kann in dieser

Die IXS Enterprise, so könnte ein Warp-Raumschiff aussehen: eine NASA-Designstudie in Zusammenarbeit mit dem niederländischen Digitalkünstler Mark Rademaker.

«Atomwolke» kein einzelnes Atom mehr ausmachen. Sie sind eins geworden.

Und jetzt hat das Forschungsteam mit diesem Kondensat etwas Verrücktes angestellt und damit negative Masse, die in der Quantenphysik theoretisch zwar möglich war, auch praktisch werden lassen. Wichtiges Vorwissen: Jedes Teilchen hat einen Spin, einen Drehimpuls. Der ist je nach Teilchen unterschiedlich. Peter Engels und sein Team an der Washington State University haben das Bose-Einstein-Kondensat aus Rubidium-Atomen erzeugt, danach mit Lasern durchgeschüttelt und damit ihren Spin geändert. Das verblüffende Ergebnis: Die Rubidium-Atome verhielten sich jetzt so, als hätten sie eine negative Masse. Das Bose-Einstein-Kondensat befindet sich in diesem Experiment in einer Art Falle. Wenn sie geöffnet wird, müsste es sich eigentlich ausbreiten. Jetzt war aber genau das Gegenteil der Fall. «Wenn wir sie schubsten, beschleunigten sie rückwärts», so der Koautor Michael Forbes.

Die Forschung ist damit dem Warp-Antrieb ein ganzes Stück näher gekommen. Doch trotzdem bleiben noch eine Reihe erheblicher Probleme. Das Raumschiff wäre in der Warp-Blase nicht steuerbar. Das Innere der Blase könnte sich bei Reisen schneller als das Licht so stark aufheizen, dass alles darin verbrennt. Beim Abbremsen könnte eine solche Schockwelle entstehen, dass sie alles im Weg zerstören würde, inklusive des Reiseziels. Denn das ist eine Konsequenz dieses Antriebs: Er krümmte den Raum wie ein Schwarzes Loch und hätte wohl mit seiner immensen Gravitation erheblichen Einfluss auf seine Umgebung.

Aber trotzdem bleibt es spannend, dabei zuzuschauen, wie ein unmöglicher Antrieb im Laufe der Zeit vielleicht doch in den Bereich des Möglichen rückt.

Das holografische Universum – sind wir alle nur Projektionen?

Die Idee eines holografischen Universums, also dass wir, wie in einem 3D-Film, nur projiziert werden, gibt es schon lange. Wie in *Matrix* existieren wir demnach nicht wirklich hier, sondern woanders. Und tatsächlich gibt es wissenschaftliche Erkenntnisse, die dafürsprechen.

Angefangen hat es mit einer verlorenen Wette des wohl berühmtesten Physikers der Welt, Stephen Hawking. Er hatte mit einem Kollegen gewettet, dass ein Schwarzes Loch die in ihm erhaltenen Informationen nicht mehr herausgibt, dass die Information über die Beschaffenheit aller Materie, die es verschluckt, verlorengeht. Später erkannte er selbst: Das Gegenteil ist der Fall! Denn am Ereignishorizont eines Schwarzen Loches, also an der Grenze oder Hülle um das Schwarze Loch, jenseits derer alles verschluckt wird, passiert etwas Seltsames. Genau an dieser Grenze sendet das Loch eine schwache Strahlung aus, so lange, bis es seine komplette Masse verloren hat und wieder verschwindet und sich damit aufgelöst hat. Der israelische Physiker Jacob Bekenstein konnte zeigen, dass diese Strahlung auch alle Information wieder freigibt. Stephen Hawking hatte die Wette verloren und musste dem Kollegen jetzt ein Lexikon seiner Wahl schenken, in dem alle Informationen der Welt enthalten sind.

Die Physik geht jetzt von Folgendem aus: Die Strahlung, die vom Schwarzen Loch ausgeht, enthält alle Informationen. Das heißt, alle Informationen sind letztlich in dieser Hülle um das Loch enthalten. Tatsächlich ist die Fläche dieser Hülle, die Oberfläche des Ereignishorizonts also, dieser Strahlung proportional; sie entspricht gleichsam dem Inhalt des Loches. Dieser Umstand regte zur Idee des holografischen Universums an. Unser Universum verhält sich ähnlich wie ein Schwarzes Loch. Es hat eine Grenze, einen Ereignishorizont, hinter den wir nicht sehen können. Übertragen also auf das gesamte Universum bedeutet dies für die Idee der 3D-Projektion: Im Universum selbst existiert nichts, sondern alles spielt sich tatsächlich auf der Hülle ab. Alles existiert auf der Hülle und wird hier nur ins Innere projiziert. Aber wie könnten wir diese Idee beweisen? Gibt es Indizien dafür?

Der Schlüssel hierfür liegt in Hannover. Beim Gravitationswellen-Detektor GEO600. Er war eine der ersten Einrichtungen zur Suche nach den Gravitationswellen. Doch war er zu klein, um die Wellen zu finden. Der amerikanische Wissenschaftler Craig Hogan ist Direktor des Zentrums für Astroteilchenphysik am Fermi National Accelerator Laboratory sowie Astrophysik-Professor für Astronomie an der Universität von Chicago. Er überlegte, welche Konsequenzen die Theorie des holografischen Universums für die kleinste existierende Struktur im Universum, die Raumquanten, hätte. Sie sind so winzig klein, dass sie nicht beobachtet werden können. Sie sind 10 hoch −33 Zentimeter groß bzw. klein, also ein billionstel trilliardstel Zentimeter.

Quanten unter der Lupe

Wenn wir aber eine Projektion wären, wären auch diese Raumquanten Projektionen. Da eine Kugel – so wie das Universum – mehr Raum einnimmt als ihre Außenhaut, müssten auch die in ihr enthaltenen kleinsten Strukturen dann größer sein. Sie wären ja dann von einer Hülle aus projiziert worden. Da dort weniger Platz ist, müssten die kleinstmöglichen Strukturen auf der Hülle existieren. Craig Hogan hat ausgerechnet, wie groß sie sein müssten, nämlich nur noch 10 hoch −16 Zentimeter.

Hogan wandte sich an die Kolleginnen und Kollegen vom Gravitationswellen-Detektor GEO600 in Ruthe bei Hannover. Dort wird die Krümmung der Raumzeit durch Masse gemessen. Dabei müssten dann auch vergrößerte Raumquanten gefunden werden. Als er mit den deutschen Forschern Kontakt aufnahm, war die Verblüffung groß. Sie hatten bereits Hinweise auf das von Hogan vorhergesagte Phänomen gefunden. In ihren Messdaten tauchte ein mysteriöses Rauschen auf, das sie keinem der ihnen bekannten physikalischen Phänomene zuordnen konnten.

In den USA wird am Fermilab Holometer schon länger zielgerichtet nach dem holografischen Universum geforscht. Würden hier die Raumquanten in der für ein holografisches Universum vorhergesagten Größe gefunden, wäre bewiesen, dass unsere Welt eine Projektion ist und nicht mit dem kosmologischen Standardmodell übereinstimmt, dem Lambda Cold Dark Matter Model (kurz ΛCDM). Britische Forscher der University of Southampton hatten im Fachmagazin *Physical Review Letters* Berechnungen zur Projektionsmöglichkeit vorgestellt. Zitat: «Die von uns getestete Klasse der holografischen Modelle für das frühe Universum kann mit dem kosmologischen Standardmodell mithalten.» Anhand der vom Planck-Satelliten gesammelten Informationen hatte das Forschungsteam die kosmische Hintergrundstrahlung mit dem holografischen Modell erklärt. Theoretisch könnte es also ein holografisches Universum geben, wie diese Studie nahelegt. Doch seit Jahren wurden am Fermilab Holometer keinerlei Hinweise gefunden.

Allerdings ist bei einem Experiment mit suprafluidem Helium ein Hinweis auf ein holografisches Universum gefunden worden. Dabei geht es erst mal um Flüssigkeiten mit unterschiedlichen

Das Fermilab Holometer im US-Bundesstaat Illinois: Es ist seit 2014 in Betrieb und theoretisch so empfindlich, dass es holografische Fluktuationen der Raumzeit entdecken könnte.

Temperaturen: Kippt man einen Liter kochendes Wasser mit einer Temperatur von 100 Grad Celsius in einen Liter Eiswasser, müssten die zwei Liter dann eine Temperatur von 50 Grad Celsius haben. Die Temperatur hat sich proportional zum Volumen geändert. In der Physik wird Wärme als Entropie bezeichnet oder besser als Unordnung, weil zum Beispiel im Gegensatz zu Eis die Position der Atome nicht mehr festgelegt ist. Es wird auch als Maß für die Unkenntnis des atomaren Zustands bezeichnet. Diese Entropie, das erleben wir täglich bei allem Möglichen, ist untrennbar mit dem Raum verknüpft. Lüfte ich die Wohnung, ändert sich die Temperatur mit dem Volumen der einströmenden Luft. Ändere ich den Wasserzufluss des heißen Wassers in der Dusche, ändert sich die Temperatur auch mit dem Volumen.

In Schwarzen Löchern passiert etwas anderes. Das Maß der Entropie ändert sich nicht mit dem Volumen, sondern mit der Oberfläche, also viel langsamer. Bei unserem Wasserexperiment wäre das etwas seltsam. Die zwei Liter würden nicht 50 Grad Celsius warm werden, sondern lediglich 37,17 Grad Celsius. Aber genauso ist es bei suprafluidem Helium. An der University of Waterloo in Kanada simulierte ein Wissenschaftler-Team um den Physiker Christopher Herdman das Isotop Helium 4 bei Temperaturen nahe dem absoluten Nullpunkt. Das Helium wurde supraflüssig. Die Heliumatome nehmen einen gemeinsamen Quantenzustand an. Der gemeinsame Quantenzustand bedeutet, dass die individuellen Atome keine Rolle mehr spielen. Das Ganze verhält sich wie ein einziges riesiges Atom. In dem Computermodell sahen sich die Forscher jetzt die Verschränkung der Atome und die Entropie innerhalb imaginärer, unterschiedlich großer Kugelschalen an. Die Entropie verhielt sich nach dem in Schwarzen Löchern geltenden Flächengesetz. Ein Indiz für ein holografisches Universum? Auf jeden Fall wäre ein holografisches Universum ein sehr spannender Weg, um die widerstreitenden Theorien von Quantenmechanik und Gravitation zusammenzubringen.

Wenn dies gelänge, ginge ein Traum in Erfüllung, den von Einstein bis Hawking bisher alle großen Physiker träumten: alles, was die Welt im Allerkleinsten und im ganz Großen, dem Universum, zusammenhält, in einer einzigen, allumfassenden Theorie zu beschreiben. Bis jetzt gibt es sie nicht. Und manche Wissenschaftler, Physiker wie Philosophen, bezweifeln, dass das je gelingen kann. Vielleicht ist unser Gehirn trotz all des Großen, das wir leisten, nicht dafür gebaut, «Gottes Plan» zu kennen.

Bildnachweise

Seite 17: commons.wikimedia.org / SpaceX (CC0 1.0)
Seite 20: de.wikipedia.org / NASA
Seite 22: commons.wikimedia.org / SpaceX (CC0 1.0)
Seite 31: commons.wikimedia.org / NASA/Pat Rawlings
Seite 38: de.wikipedia.org / The Royal Society/Duncan.Hull (CC BY-SA 3.0)
Seite 39: commons.wikimedia.org / Postkarte, um 1890
Seite 40: commons.wikimedia.org / Matthew Yohe (CC BY-SA 3.0)
Seite 46: picture-alliance / Photoshot / Liu Xu
Seite 52: de.wikipedia.org / Plflcn (CC BY-SA 4.0)
Seite 60: picture-alliance/dpa/Roland Witschel
Seite 69: commons.wikimedia.org / NASA/Ames/JPL-Caltech
Seite 76: Falling Walls Foundation, Berlin
Seite 79: commons.wikimedia.org / NASA/JPL-Caltech
Seite 92: cpicture-alliance / Photoshot / He Huan (CC BY-SA 3.0)
Seite 97: CDC/Dr. Mary Ng Mah Lee, National University of Singapore
Seite 104: Courtesy of Wake Forest Institute for Regenerative Medicine, Winston-Salem, N. C.
Seite 111: commons.wikimedia.org / Ramin Herati/released into public domain
Seite 119: IBM
Seite 122: https://www.blog.google/press/
Seite 128: 1280px-Pink Elephants on Parade Blotter LSD Dumbo.jpg (CC BY-SA 2.5)
Seite 132: commons.wikimedia.org / NEUROtiker/public domain
Seite 141: Methuselah Foundation, Springfield, Va. (CC BY-SA 3.0)
Seite 143: Los Alamos National Laboratory/The LIFE Images Collection/ Getty Images
Seite 150: de.wikipedia.org / Max-Planck-Institut für Plasmaphysik, Tino Schulz
Seite 152: Max-Planck-Institut für Plasmaphysik (eingefärbtes S/W-Foto)
Seite 156: www.scinexx.de / © Waugsberg (CC BY-SA 3.0)
Seite 163: commons.wikimedia.org / Cheryl Dudley (CC BY-SA 2.0)
Seite 169: © Deutsches Zentrum für Luft- und Raumfahrt (DLR) (CC BY-SA 3.0)
Seite 177: commons.wikimedia.org / Jennifer Lippincott-Schwartz (CC BY 2.0)
Seite 180: nl.m.wikipedia.org / Weltwirtschaftsforum (CC BY 3.0)
Seite 185: commons.wikimedia.org / Rainer Zenz (CC BY-SA 3.0)

Ausgewählte Quellen und weiterführende Links

Um ihre Erreichbarkeit zu erleichtern und diese auf dem Stand zu halten, wurden die Quellen und Links zu diesem Buch auf die Rowohlt-Seite ins Internet gestellt. Sie sind erreichbar unter der URL

rowohlt.de/krachten

und über den folgenden QR-Code:

Jim Ottaviani, Leland Myrick
Hawking
Sein Leben als Graphic Novel

Sein Leben und sein Werk faszinieren bis heute Millionen: Stephen Hawking hat es wie niemand zuvor vermocht, unsere Phantasie über die Entstehung des Universums und über unseren Platz darin zu entflammen. Sein Erfolg war so außergewöhnlich wie seine persönliche Geschichte. Die preisgekrönten Autoren dieser Graphic Novel erzählen diese Lebensgeschichte noch einmal neu: In ihrer brillant gezeichneten Bildergeschichte

304 Seiten

bringen sie uns das Menschheitsgenie nahe. Ottaviani und Myrick haben jahrelang recherchiert und die Originalschauplätze besucht und gezeichnet. Dies ist ein Buch für junge und erwachsene Leser, für alle, die den großen Menschen und Wissenschaftler in einer neuen Perspektive kennenlernen möchten.

Weitere Informationen finden Sie unter **rowohlt.de**

Florian Freistetter
Der Astronomieverführer
Wie das Weltall unseren Alltag bestimmt

Deutschlands Wissenschafts-Blogger des Jahres erklärt uns das Universum.

Bei Astronomie denkt man an Sterne, ferne Galaxien, Schwarze Löcher. Wer aber mit offenen Augen durch Straßen und Parks geht oder des Abends den Himmel bewundert, dem kann sie ganz nah sein. Das zeigt der Wiener Astronom, IQ-Preis-gekrönte Wissenschaftsautor und Science-Blogger des Jahres, Dr. Florian Freistetter, in diesem Buch. Was der Sternenstaub im Stadtpark uns über die Entstehung der Menschheit mitteilen kann, zum Beispiel. Oder warum wir auf dem Fernsehbildschirm noch Reste des Urknalls sehen können. Mit leichter Hand erklärt Freistetter uns die Welt aus der Sicht des Sternenkundlers.

224 Seiten

SB 183/1